초 보 딱 지 떼 는
테크니컬 드라이브

초보딱지 떼는 테크니컬 드라이브

초판 1쇄 인쇄	2022년 6월 15일
초판 1쇄 발행	2022년 6월 20일

글	윤 신
일러스트	윤보연
펴낸이	金泰奉
펴낸곳	한솜미디어
등록	제5-213호

편집	박창서 김수정
마케팅	김명준
홍보	김태일

주소	05044 서울시 광진구 아차산로 413
	(광진구 구의동 243-22)
전화	02)454-0492(代)
팩스	02)454-0493
이메일	hansom@hansom.co.kr
홈페이지	www.hansom.co.kr

값 16,000원
ISBN 978-89-5959-558-7 (13500)

* 잘못 만들어진 책은 구입하신 서점에서 바꿔드립니다.

초보딱지 떼는
테크니컬 드라이브

글 윤 신 · 일러스트 윤보연

한솜미디어

초보딱지 떼는 **테크니컬 드라이브**

| 시작하며 |

베스트 드라이버가 되기 바라며…

초보운전자가 차를 몰고 시내로 나서려면 웬만한 용기와 배짱이 없으면 불가능하다. 혼잡한 도심에서 앞차 살피랴, 끼어드는 차 보랴, 신호등 살피랴 정신이 하나도 없을 때가 많다. 주차하는 것은 왜 또 그렇게 어려운지…. 운전이 끝나면 온몸이 식은땀 범벅에 초주검일 때가 많다. 이 책은 그런 초보운전자들에게 도움을 주려고 제작되었다.

운전에도 법칙이 있다. 이런 법칙들만 잘 익혀도 한결 수월하게 시내에서 운전하거나 한적한 곳에서 드라이브를 즐길 수 있다. 그렇다고 그런 법칙들이 대단한 것은 아니고 고등학교 시절 배운 지식만 있으면 누구나 익힐 수 있다.

운전은 현대인들이 자동차를 이용해서 원하는 곳으로 가려는 행위이다. 이 과정에 중요한 요소들이 여럿 있겠지만 아무래도 첫 번째는 안전운전이다. 이 책에서 다루는 모든 내용도 결국 목적지까지 안전하게 가기 위한 기술들이다.

인류 최고 발명품 중 하나라는 자동차를 제대로 활용하지 못하는 것은 그렇다 치더라도 잘못 사용하여 인간에게 해를 가하는 흉기가 되는 일은 없어야 한다. 결국 안전운전은 나뿐만 아니라 타인을 위한 것이기도 하다.

책이 나오기까지 수고해 주신 분들께 감사드리며, 초보운전자들이 베스트 드라이버가 되는 데 미력하나마 이 책이 도움이 되기를 바란다.

지은이 **윤 신**

| 차 례 |

시작하며 ·· 4

제1장 초보운전자의 Warming-up

01	초보운전자의 특징 ······················	10
02	초보운전 기본 개요 ······················	15
03	바른 운전 자세 ····························	18
04	기기와 조작 ································	26
05	사이드 미러 맞추는 법 ··················	32
06	시동 거는 법 ······························	33
07	출발과 정지 ································	36
08	방향지시등(깜빡이) 켜는 법 ············	38
09	초보운전자의 도로주행 수칙 ··········	39
10	감속과 가속 ································	41
11	경고 표시등 종류 ··························	46
12	신호등 ··	48

제2장 초보운전자를 위한 주행의 모든 것

13	주행이란 ····································	52
14	주행 조작요령 ······························	61
15	중앙선과 실선 · 점선 ····················	81

초보딱지 떼는 테크니컬 드라이브

제3장 끼어들기 고수되는 비법

- 16 차선 변경이란? ························ 84
- 17 차선 변경 원리 ························ 88
- 18 사이드 미러 이해 ······················ 92
- 19 차선 변경 종류와 순서 ················ 98
- 20 대형차 차선 변경 시 대처요령········· 110
- 21 교차로 통과법 ························ 112
- 22 방향 전환 ···························· 117
- 23 언덕길 주행 요령 ···················· 123
- 24 야간주행 ····························· 124
- 25 비포장도로 운전 ····················· 127

제4장 초보 딱지 떼는 운전 기술

- 26 골목 주행 ···························· 132
- 27 커브길 주행법(코너링) ··············· 142
- 28 코너 종류 ···························· 153
- 29 고속도로 운전 ························ 162

제5장 초보운전자를 위한 주차의 A to Z

- 30 주차 기본 기술 ······················· 168
- 31 주차 종류 ···························· 171
- 32 주차 수정 ···························· 183
- 33 주차장 빠져나가기 ··················· 189
- 34 경사진 도로(언덕길)에서의 주차········ 194

35	경사면에서 차가 미끄러질 때	196
36	도로 위에 정차하는 방법	197

제6장 기본 지식과 응급조치 요령

37	방어 운전법	200
38	시선처리 방법	205
39	기본적인 교통법규	213
40	수동 운전법	217
41	충돌과 추돌 차이점	221
42	우선순위	222
43	엔진 브레이크	224
44	점멸등과 경고	225
45	차 안에서 휴식을 취할 때	226
46	'아차 사고'란?	227
47	결함 종류	228
48	속도감이란?	229
49	증발현상과 결로현상	230
50	베이퍼 로크 현상	231
51	페이드 현상	232
52	앞바퀴 정렬 확인 방법	233
53	거리 종류	234
54	예측운전과 예방운전 차이	236
55	이상 징후로 알 수 있는 고장	237
56	간단한 응급조치 요령	240
57	교통사고 과실 비율표	241
58	외국에서 지켜야 할 교통 예절	245

01 초보운전자의 특징

1. 시야가 좁다

① 전방 차량 흐름이나 주위를 살필 겨를 없이 오로지 앞차만 쫓아가기 바쁘다. 이렇게 되면 전방과 측면, 후방 차량 흐름을 제대로 파악할 수 없다.
② 숲은 보지 못하고 나무만 본다. 눈으로 인지하고 머리로 판단하고 몸으로 조작행위를 해야 하지만 이 세 가지 중 하나를 빠트려 숲만 보고 나무를 보지 못하거나 나무만 보고 숲을 보지 못한다.

2. 속도에 대한 두려움이 크다

① 속도가 빠를수록 운전자의 시야가 좁아져 속도에 대한 두려움이 커져 가속 페달을 밟으려 하지 않는다. 속도에 대한 두려움을 없애려면 되도록 멀리 넓게 보아야 한다.
② 속도가 느릴 경우 옆 차와의 속도 차이 때문에 착시현상이 발생하여 옆 차량이 운전자 앞쪽으로 달려드는 것처럼 느껴져 더욱 위축된다.
③ 초보운전자가 정면의 노면만 주시하며 주행하면 속도가 빠를 경우 어지러움증이 생기고, 운전자의 시점이 너무 빨리 지나가 차선을 맞추기 어렵다.

3. 차선을 맞추려고 애쓴다

① 차량의 보닛 왼쪽 모서리에 차선을 맞추어 주행하려고 하는데 옳지 않은 행동이다. 도로폭은 속도가 빠를수록 좁게 느껴지고, 느릴수록 넓게 느껴진

제1장 · 초보운전자의 Warming-up

다. 따라서 넓은 도로에서 속도가 느릴 경우 보닛 왼쪽 모서리에 차선을 맞추면 왼쪽으로 치우쳐 주행하게 된다.

② 앞차를 주시하되 양쪽 차선을 함께 살피면서 운전자의 '코(nose in)'가 도로 중앙에 있다는 느낌으로 운전해야 한다. 도로 중앙에 화살표가 있어 여기에 맞추면 편리하다. 시선은 ∧형으로 보지 말고 ∨형으로 처리한다. 전방의 어느 한 지점만 응시하지 말고 전체적으로 멀리 넓게 보라는 뜻이다.

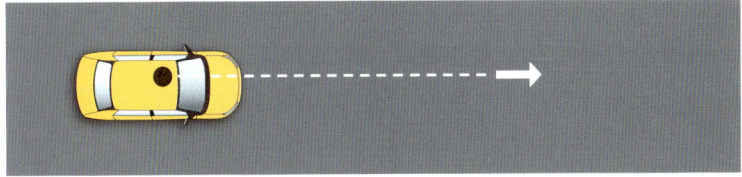

③ 속도가 빠를수록 시선은 멀리 두고 느린 경우 시선을 가까이 두되 운전자의 오른쪽 발이 도로 중앙에 있다는 느낌으로 운전한다.

4. 몸에 힘을 준다

① 어느 한쪽이라도 몸에 힘이 들어가면 핸들은 힘이 들어간 방향으로 돌아갈 수 있다. 따라서 어깨와 팔의 힘을 완전히 뺀 후, 마치 손으로 날계란 잡듯이 가볍게 양손을 핸들 위에 살짝 얹는다는 기분으로 운전한다.
② 몸에 힘을 주면 순발력과 유연성이 떨어진다. 따라서 힘을 빼야 돌발상황에 순발력 있고 유연하게 대응할 수 있다.
③ 특히 운전자가 발에 힘을 주는 경우 급제동 원인이 되고, 팔에 힘을 주는 경우 급회전할 수 있다. 반대로 긴장을 풀고 느긋하게 운전하면 순발력과 유연성이 배가되어 운전이 부드러워진다.

Tip 핸들은 날계란 쥐듯이 가볍게, 페달은 연두부 밟듯이 즈려 밟는다.

초보딱지 떼는 **테크니컬 드라이브**

5. 운전 자세에 문제가 있다

① 운전석을 너무 당겨 앉으려고 한다. 이렇게 되면 운전자의 팔꿈치가 많이 꺾이면서 자동으로 힘이 들어가 급핸들링하기 쉽고, 페달 전환 시 발뒤꿈치를 들게 되어 급정거 원인이 되기도 한다.
② 비스듬히 또는 비틀어 앉을 경우 자세가 흐트러져 정면을 제대로 응시할 수 없다.
③ 사이드 미러를 너무 오래 보면 자신도 모르게 사이드 미러 보는 쪽의 반대 방향으로 핸들이 돌아가기도 한다. 앉은 자세에서 고개만 살짝 돌려 사이드 미러를 보아야 하는데 본인도 모르게 몸을 비틀어 사이드 미러를 보기 때문이다.
④ 좌회전, 우회전 방향지시등(깜빡이)을 켜거나 끌 경우 아직 레버 작동이 익숙하지 않아 핸들에서 왼손을 떼어 레버를 작동하기도 하는데 이때 핸들을 오른손으로만 잡게 되어 핸들이 오른쪽이나 왼쪽으로 돌아갈 수 있다.

6. 솥뚜껑 핸들링한다

① 양쪽 손으로 핸들을 돌리면 한쪽으로 힘이 쏠려 핸들의 연속동작이 불가능하게 된다.
② 엄지손가락에 힘을 과하게 주므로 오버액션이 될 수 있다. 이럴 경우 'ㄱ' 자로 꺾인 도로에서는 아주 위험할 수 있다.
③ 한쪽 어깨를 들게 되어 운전자의 자세가 흐트러지므로 불안정한 자세가 되어 운전이 불안해진다.

Tip 양손으로 핸들을 돌릴 때 돌리는 반대 방향 손은 풀어준다. 즉 한쪽 손이 내려

제1장 · 초보운전자의 Warming-up

가면 반대쪽 손도 내리고 한쪽 손이 올라가면 반대쪽 손도 올린다(항아리 핸들링법). 이렇게 되면 운전자의 어깨가 움직이지 않아 바른자세를 유지할 수 있다.

7. 절대적 사고로 운전한다

① 절대적 사고란 사물이 정지된 것으로 생각해서 한 박자 늦게 행동하는 것이다. 그러나 운전은 움직이는 자동차를 다루는 행위이다. 따라서 모든 자동차는 움직인다는 상대적 개념을 항상 마음속에 넣고 운전해야 한다.
② 상대적 사고는 상대 차량이 움직이면 운전자도 그에 대응해야 한다는 의미로 흐름을 따르라는 말이다. 즉 고속이냐 저속이냐에 따라 운전자가 상대 차량의 움직임에 유기적으로 적절하게 대응하는 것이 운전의 핵심 요소 중 하나이다.

〈절대적 사고의 예〉
제한속도 시속 100km인 고속도로에서 시속 60km로 주행하는 운전자는 법규를 위반한 것은 아니지만 다른 차량의 흐름에 방해가 된다. 결과적으로 도로 전체의 차량 흐름에 영향을 주게 된다. 이때 운전자는 절대적 사고로 운전하는 것이다. 잘못된 생각이다.

Tip
① 도로에서는 다른 차량과 보조를 맞추어 주행해야 한다.
② 계속 주변 상황을 체크하여 상대 차량의 움직임에 즉시 대응할 수 있어야 한다.

8. 항상 조급하다

① 상대가 쫓아오는 것 같아 남의 눈치 살피기에 급급하다. 교차로에서 옆 차

량이 진입하면 운전자가 먼저 진입해야 할 상황임에도 양보한다든지 옆 차량이 우선순위임에도 먼저 진입한다든지, '갑'과 '을'의 우선순위를 무시하고 뒤바뀐 행동을 하여 위험을 자초한다.

② 조급함을 버리고 여유 있는 자세로 운전하면 주위의 여러 가지 상황을 살필 수 있으며, 주변상황에 보다 유연하게 대응할 수 있다.

Tip 교통법규에서 규정한 갑과 을의 우선순위를 정확히 알고 운전해야 한다. 즉 갑 위치에서 운전하되 을 위치에서는 양보 운전한다. 마음을 느긋하게 먹고 주위에서 빵빵거려도 평정심을 잃지 않고 운전에 집중해야 한다.

9. 옆 차와의 간격에 대한 감각이 없다

옆 차와의 간격을 보려고 몸을 살짝 앞으로 당기면 대략적인 거리감이 오며 차의 진행 각도에 따라 앞이나 옆 차와 부딪칠 것인지 아닌지 파악할 수 있다. 또는 사이드 미러를 통해 후미 간격을 보면 옆 차와의 거리를 알 수 있다. 차의 진행 각도에 유의하라.

10. 한 번에 다 하려고 한다

페달은 한 번에 밟으려 하지 말고 여러 번 나누어 밟아라. 그래야 급제동, 급발진을 미연에 막을 수 있다. 또 하나의 동작을 하면서 후속 동작을 생각하지 않는데 운전은 동작 하나하나가 연결되어 연속적으로 이루어진다. 따라서 하나의 동작이 끝나자마자 다음 단계 동작을 연결할 준비가 되어 있어야 한다.

02 초보운전 기본 개요

　운전에는 눈으로 위험을 인지하는 '위험 인지' 단계가 있고 머리로 위험을 판단하는 '위험 판단' 단계가 있으며 마지막으로 위험을 회피 또는 제거하기 위해 행동하고 조작하는 '위험 대응' 단계가 있다. 결과적으로 운전은 위험요소에 신속히 대응하는 기술이라고 할 수 있다.

　운전은 과학이다. 물리와 수학 법칙이 작용한다. 어떤 운전자에게 어떻게 운전하냐고 물어보면 '감'으로 한다느니 '흐름'을 따른다느니 등의 말을 한다.

　'감'은 지극히 주관적인 표현이다. 구체적으로 초보자가 어떤 '감'과 '흐름'으로 운전해야 하냐고 물어보면 세월이 말해 준다나? 이처럼 초보운전자가 할 수 없는 것을 요구하니 그동안 사고 나지 말라는 법이 없지 않은가?

　이제 근본적인 것을 알아보자. 운전은 과학이라고 했다. 과학은 구체적으로 설명이 가능해야 한다. 수치와 도표 등을 이용하여 기술적인 방법론을 제시해야 초보운전자도 이해하기 쉽다.

　이 책에서는 이러한 뜬구름 잡는 이야기가 아닌 숫자와 도표, 그림을 사용하여 구체적인 방법을 알기 쉽게 설명하여 초보운전자의 운전기술 습득을 용이하도록 하였으니 독자들 스스로 '아, 이것이 운전이구나' 하고 깨우칠 수 있다.

> **Tip**　운전자가 과학적 지식을 숙지하고 이를 바탕으로 올바른 운전 행위를 반복적으로 거쳐야 '감'이나 '촉'으로 운전할 수 있는 경지에 이를 수 있으며 상대 차량 움직임에 조건반사로 대응할 수 있다.

초보딱지 떼는 **테크니컬 드라이브**

1. 운전의 구분

첫째는 주행이다. 주행에는 시내 주행, 고속주행, 골목 주행, 야간주행, 날씨별 주행, 코너링, 차선 변경 등이 있다.

둘째는 주차이다. 전면 주차, 후면 주차, 측면 주차, 사선 주차가 있다.

2. 운전의 기본 요소

2-1. 앞차와 간격 유지 : 안전거리 지키기

안전거리는 앞차와 추돌을 방지하기 위한 최소 거리이다. 속도가 빠를수록 안전거리는 멀리 잡아야 한다. 일종의 체감 거리라 할 수 있다.

적정 안전거리는 일반 도로의 경우 시속 80km/h일 때 65m 이상이며, 시내에서 시속 50km로 달리는 경우는 35m가 적당하다. 고속도로의 경우는 시속 80km/h일 때 80m 이상이라고 보면 된다.

2-2. 옆 차와 평행 유지 : 차선 지키기

운전자는 자신의 안전을 확보하고 차량들의 흐름을 방해하지 않도록 반드시 옆 차와 평행을 유지하며 운전해야 한다. 옆 차와 평행을 유지하는 수단은 핸들 조작이다. 핸들은 한 번에 꺾지 않고 여러 번으로 나누어 돌리는 것이 좋다. 최상의 핸들 조작은 **항아리 운전법**(p.63 항아리 운전법 참고)이다.

2-3. 힘 빼기

모든 운동이 그렇듯 운전할 때 역시 몸에서 힘을 빼야 한다. 이는 모든 동작의 출발점이지만 운전에서도 가장 중요한 순발력과 유연성의 기초가 되기 때문이다. 특히 긴급상황에서 유연하게 대처할 수 있다.

2-4. 바른 자세

운전자의 자세는 어떠한 상황에서도 흐트러지면 안 된다. 제2, 제3의 위기상황이 오더라도 재빨리 대응할 수 있는 기본 자세이며 당황하고 조급한 마음을 진정시키는 묘약이기도 하다.

2-5. 시선처리

속도가 빠를수록 ∨형으로 멀리 넓게 보고 느릴수록 ∧형으로 가까이 좁게 본다. 운전은 눈으로 위험요소를 파악하여 신속히 대응하는 기술이기 때문이다.

3. 운전 숙달의 체계화

운전에 관한 모든 것을 습득하기 위해서는 체계적인 교육이 이루어져야 한다. 안전운전은 넓은 시야 확보를 통한 충분한 인지 → 체계적 운전 지식 습득에 의한 정확한 판단 → 반복적 조작 행위를 통한 숙달된 조건반사 단계를 거쳐야 습득할 수 있다.

요점 정리

운전의 목적	1단계	2단계	3단계
위험요소 제거 및 회피	눈으로 위험 인지	머리로 위험 판단	몸(조작)으로 위험 제거 또는 회피

초보딱지 떼는 **테크니컬 드라이브**

03 바른 운전 자세

1. 운전석 등받이는 110~120도를 유지한다

1-1. 운전석 등받이는 뒤쪽으로 약간 뉘여야 한다

① 110~120도가 운전자에게 가장 편안한 자세이다.
② 몸이 뚱뚱한 사람은 복부를 편안하게 하는 것도 좋은 방법이다. 가장 편안한 상태에서 운전해야 하기 때문이다.

1-2. 등받이를 뒤로 너무 젖힌 경우

주로 남자나 살찐 사람이 뒤쪽으로 젖혀 앉는다. 이럴 경우, 핸들과 운전자의 거리가 멀어 가까운 곳의 시야가 확보되지 않고 핸들링 시 유연성이 떨어져 좁은 길 운전에 불리하다. 더구나 감속 페달을 밟을 때 발의 힘을 제대로 전달할 수 없어 앞차와 추돌할 수 있다.

1-3. 등받이를 직각으로 세워 앉는 경우

① 운전자의 머리가 머리받이에 닿을 수 있다. 이럴 경우 운전자 목의 유연성이 떨어지며 눈의 초점이 너무 멀어져 가까운 주변 환경을 볼 수 없다.
② 운전자 목이 경직되어 주위를 살필 때 불편하며, 장시간 운전 시 척추에 무리가 가해져 짧은 시간의 운전으로도 피로가 많이 쌓인다.

Tip 몸이 한쪽으로 비틀어지거나 어깨에 힘이 잔뜩 들어간 상태에서 속도가 빠를 경우 가까운 곳을 못 볼 수 있으며 느릴 경우에는 시선처리가 불확실하여 한쪽으로 치우쳐 운전할 수 있다.

2. 운전석에서 보닛(차량 앞 뚜껑)이 보여야 한다

① 양쪽 모서리가 보이면 더욱 좋다.
② 골목길 운전 시 앞쪽 모서리가 가장 먼저 부딪치는 부분이므로 그 부분을 중점적으로 확인하면서 주행해야 위험을 피할 수 있다.
③ 여성들은 앉은 키가 작기 때문에 운전석을 최대한 높여 보닛을 볼 수 있게 해야 가까운 장애물을 확인하는 데 유리하다.

3. 핸들 받침대와 운전자 무릎 사이는 주먹 하나 들어갈 간격을 유지한다

3-1. 무릎이 핸들 받침대에 닿을 경우

운전할 때 차체의 흔들림으로 무릎이 받침대에 부딪히고 감속 페달이나 가속 페달을 밟을 때 오른쪽 발뒤꿈치가 바닥에서 떨어져 발에 힘을 주게 되는데 급정거, 급발진 원인이 될 수 있다.

3-2. 무릎이 핸들 받침대에서 멀리 떨어진 경우

감속 페달, 가속 페달 밟기가 어려워지며, 발끝에 힘을 모아 페달을 밟게 되어 급정거, 급발진 원인이 될 수 있다.

초보딱지 떼는 테크니컬 드라이브

4. 운전자의 다리 각도는 120도가 이상적이다

운전자가 발을 편안히 뻗을 수 있어야 발에 힘이 들어가지 않고 발이 바닥에서 떨어지지 않아 편안하게 감속 또는 가속 페달을 밟을 수 있다.

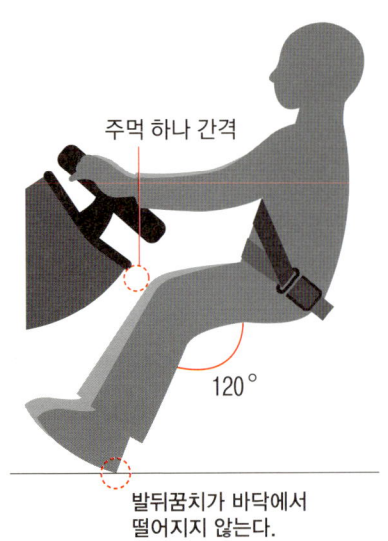

주먹 하나 간격

120°

발뒤꿈치가 바닥에서 떨어지지 않는다.

5. 발뒤꿈치를 들지 마라

① 발뒤꿈치를 들고 페달을 밟으면 힘이 발가락 쪽에 몰리므로 급정거, 급발진 원인이 될 수 있다.
② 발이 작은 여성인 경우 또는 차의 상태에 따라 바닥에서 어쩔 수 없이 발뒤꿈치를 떼어 페달을 밟아야 하는 경우도 있다. 그러나 운전자의 발은 뒤꿈치가 바닥에 닿은 상태에서 자연스럽게 가속 페달 또는 감속 페달을 밟을 수 있어야 한다.

6. 핸들 잡는 요령

핸들은 손을 가볍게 뻗어 오른손은 시계 2시 방향, 왼손은 시계 10시 방향으로 살짝 얹는다는 느낌으로 잡는다(p.63 항아리 운전법 참고). 이때 엄지손가락에 너무 힘이 들어가 핸들을 꽉 잡을 경우 오버액션이 되어 핸들 조작이 부자연스러워질 수 있다. 엄지손가락을 살짝 펴서 검지와 닿지 않도록 한다.

7. 운전자 팔의 움직임

팔을 너무 쭉 뻗으면 핸들을 돌리기 어려우며 너무 짧게 잡으면 팔꿈치의 힘이 손끝까지 전달되어 핸들을 꽉 잡게 되고, 핸들을 돌릴 때 연결동작이 부자연스럽다.

팔을 살짝 뻗어 핸들 위쪽을 가볍게 잡을 수 있어야 가장 이상적이며 핸들을 돌릴 때 팔이 약간 굽는 상태로 모든 관절이 원활하게 움직일 수 있다.

8. 머리받이 시트에 머리를 대지 마라

가끔 머리받이에 머리를 붙이고 운전하는 사람이 있는데 전방 시야를 정확하게 보기 힘들다. 왜냐하면 전방을 주시할 때 운전자가 턱을 들고 눈꺼풀은 아래로 깐 상태이기 때문이다. 머리받이에 머리를 붙이면 운전할 때 편안함을 느낄 수 있지만 유연성이 떨어지고 졸음운전 원인이 될 수 있다.

9. 수시로 전후좌우를 살펴라

① 초보운전자는 앞만 보고 운전하는데 이는 초등학생도 할 수 있다. 차는 앞에만 있는 것이 아니라 양옆, 뒤에도 있다. 따라서 앞차만 보고 주행하면 양옆과 뒤를 살필 여유가 없어진다. 앞차와의 안전거리를 유지하면 주위를

살필 여유가 생겨 안전운전을 할 수 있다.
② 통계적으로 운전자는 15초에 한 번씩 주위를 살핀다고 한다. 특히 노련한 운전자는 뒤쪽 차량까지 살피면서 주행한다. 이것이 진정한 고수의 운전법이다.
③ 주위를 살피되 오래 살피지 말고 짧게 반복하여 살피는 것이 중요하다. 한쪽만 오래 살필 경우 다른 쪽 상황을 알 수 없기 때문에 위험 발생 시 유연하게 대응할 수 없다.

10. 차를 수족처럼 다뤄라

10-1. 유연성 극대화

자기 차임에도 어딘가 어색하고 불편한 느낌이 든다면 차의 성능이 원활하지 못하거나 운전 자세가 불안정한 등의 여러 가지 원인이 있을 수 있으므로 이를 찾아내 제거함으로써 차를 수족처럼 다룰 수 있다.

10-2. 항상 차의 상태를 파악하라

① 차를 소중히 여기는 사람은 차에 관심이 많아 차의 상태를 빠른 시간 내에 파악할 수 있고 운전 실력도 그만큼 향상된다. 그렇지 못한 사람은 자신의 실력이 모자란 것은 탓하지 않고 차에 대해 불평만 한다.
② 운전자는 잘못되면 차에 문제가 있다고 하지만 차는 주인에게 거짓말하지 않는다. 애완견이 주인에 의해 길들여지듯이 차도 운전자가 소중히 다루면 그에 상응하여 보답할 것이다.
③ 항상 기본적인 정비를 철저히 하여 차에 대한 신뢰성을 높인다. 엔진오일, 미션오일, 부동액, 워셔액, 타이어, 각종 조향장치를 최적 상태로 유지한다.

11. 운전은 순발력과 유연성, 정교함이 생명이다

11-1. 위험 예측 운전을 하라(예방운전과 조건반사 운전)

미리미리 위험요소를 충분히 파악하여 사고를 방지하며 예방운전과 조건반사 운전을 함으로써 여유 있게 운전할 수 있다.

초보자는 위험요소를 미리 발견하지 못할 경우 당황하여 브레이크를 밟는다는 것이 액셀을 밟을 수 있으며, 그 순간 운전 자세도 경직되어 연속동작을 하지 못하여 더 큰 사고를 유발할 수 있다.

숙련자는 짧은 순간에 본능적 판단에 따라 순발력으로 위기를 극복하지만, 초보자는 위험을 인지하는 순간 머릿속이 텅 비어 공황상태가 되기도 한다.

11-2. 주관적 예측운전은 하지 마라

초보운전자들 중 주관적으로 상대방이 '이렇게 할 것이다'라고 미리 판단하여 운전하는 것을 종종 보는데, 이는 상대방의 의사를 무시한 결과이다. 즉 자의적으로 판단하여 운전하지 말고 상대 차량의 움직임을 있는 그대로 충분히 인지하여 받아들이고 대응해야 안전하다(객관적 예방운전).

12. 자신의 체형에 맞게 모든 기기를 조작하라

안전운전에 필요한 제반 조건을 최적의 조건으로 맞추어야 편안하고 안전하게 운전할 수 있다.

① 각종 미러, 의자, 계기판 등을 운전자의 체형에 맞춰라. 그래야 때와 장소에 구애받지 않고 주변 상황에 능동적으로 대처할 수 있다.
② 어떤 이는 의자에 파묻혀 운전하는데 뒤에서 보면 운전자 머리가 보이지 않

을 때가 있고, 어떤 이는 핸들에 바짝 붙어 운전하여 핸들링 시 오버액션하는 경우도 있다. 또 어떤 이는 사이드 미러는 보지 않고 룸미러만 보고 차선을 변경하기도 한다.

이러한 모든 것이 안전운전에 불리하게 작용하여 운전 자신감을 떨어뜨리는 원인이 된다.

13. 사전에 목적지를 숙지한 후 출발하라

13-1. 실수를 예방할 수 있다

가끔 무작정 출발하는 사람들을 보는데 초행길일 경우 방향감을 잃어 헤매게 된다. 지도를 보고 대략적인 큰 줄기라도 파악한 후 목적지 부근의 부동산중개소나 편의점 등에 문의하면 더 상세히 알 수 있어 길 찾기가 쉽다.

요즈음 내비게이션을 많이 이용하는데 물론 편리하다. 그러나 운전자를 멍청이로 만들어 내비게이션이 없으면 운전을 못 하는 운전자가 많다. 대충이라도 목적지를 파악한 후 내비게이션을 활용하면 실수 없이 길을 찾을 수 있다.

13-2. 방향 감각과 지도 보는 훈련이 된다

어느 도시든지 동서남북 방향만 알면 길 찾기가 쉽다. 목적지를 쉽게 찾는 방법은 큰 도로에서 작은 도로로, 큰 건물에서 작은 건물로, 특징적인 것에서 평범한 곳으로 찾아가는 것이다. 즉, 숲을 본 다음 나뭇가지를 찾고, 총론을 보고 각론을 보는 것이다.

14. 막히면 돌아가라

진입하려는 곳에서 진입 못 했을 경우 당황하거나 무리하게 진입을 시도하

제1장 · 초보운전자의 Warming-up

지 말고 다음 블록에서 다시 진입을 시도한다. U턴, P턴, 좌회전, 우회전 등 여러 가지 방법이 있다. 운전자가 가려던 길을 지나쳤다고 당황하면 방향감각까지 잃을 수 있다.

어떤 초보자는 가려는 곳이 막히든 말든 무조건 그 길만 있는 줄 알고 무리하게 진입을 시도하는데 좋은 방법이 아니다.

15. 운전석 바닥에 이물질을 놓지 마라

이물질이 페달 밑으로 들어갈 경우 페달이 밟히지 않아 작동 불능 상태가 되어 당황할 수 있다. 따라서 작은 물건들이 들어 있는 가방이나 핸드백, 페트병 등은 뒷좌석에 놓는 것이 좋다.

04 기기와 조작

1. 방향지시등(깜빡이)

① 좌회전 시 레버를 밑으로 내린다.
② 우회전 시 레버를 위로 올린다.
③ 레버를 조작할 때 왼손 엄지로 핸들을 잡은 채 손가락을 뻗어 레버를 튀기듯 친다. 핸들을 놓고 레버를 잡은 채 깜빡이를 넣을 경우, 상향등(쌍라이트)이 켜질 수 있고 왼손이 핸들을 놓는 바람에 오른손에 힘이 들어가 핸들이 한쪽으로 돌아갈 수 있다.
④ 외국의 경우에는 좌·우회전 시 30m 후방에서 깜빡이를 켜라고 되어 있지만 국내에서는 차량이 많기 때문에 70m 후방에서 켜는 것이 좋다.
⑤ 가고자 하는 방향으로 완전히 진입하면 깜빡이를 끈다.

2. 미등 · 차폭등

차량 앞쪽 헤드램프 쪽에 있는 작은 등을 미등(Small Lamp)이라 하고, 후미의 붉은색 등은 차량의 폭을 가리킨다 하여 차폭등이라고 한다. 레버 끝부분을 앞쪽으로 한 번 돌리면 미등, 차폭등, 실내 계기판에 불이 켜진다.

터널 통과 시, 해 뜰 무렵, 해 질 무렵 시야가 어두워질 때, 낮에도 구름이 많이 끼었다든지 또는 눈, 비가 와서 전방 시야가 좋지 않을 때 사용한다. 또한 지하주차장 등 어두운 곳에서도 사용한다. 다른 운전자에게 나의 위치를 알려주는 효과도 있다.

3. 전조등(상향등, 하향등)

① 상향등(하이빔)과 하향등(로우빔)이 있는데 상향등은 시골길, 산길 등 한적한 곳에서 운전하면서 멀리 보고자 할 때 사용한다. 50m 이상 불빛을 비추기 때문이다. 그러나 반대 방향에서 차량이 올 때는 반대편 운전자의 눈에 빛을 쏘기 때문에 반드시 하향등으로 변경한다.
② 하향등을 켠 상태에서 레버를 운전자 앞쪽으로 밀면 계기판에 파란불이 들어오면서 상향등이 켜진다. 일명 쌍라이트라고도 하며 빛이 위로 향하여 멀리 비추게 되어 있다.
③ 하향등은 불빛이 아래쪽으로 향하며 근접 거리를 비추어 상대 차량에 피해는 주지 않는다. 시내를 주행할 때 전조등은 반드시 하향등이어야 한다.

4. 안개등

앞 번호판 양옆에 하나씩 있는 조그마한 등이다. 안개등은 5m 정도 근접 거리를 비추는데 안개가 깔려 바로 앞도 볼 수 없을 때 사용한다. 북유럽 국가에서는 낮에도 날씨가 흐린 경우가 많아 의무적으로 켜고 다닌다.

5. 경고음(클랙슨)

차간 거리가 가까울 때 상대방에게 경각심을 주기 위해 사용한다. 경고 시에는 경고음을 크게 울려야 하지만 주의를 환기시킬 때는 소리를 작게 반복적으로 울리는 것이 좋다.

경고음은 상대방 기분을 상하게 할 우려가 있어서 웬만하면 울리지 않고 위험 요소를 피해 가는 것이 원칙이다. 특히 초보자 또는 미숙련자 중에는 전방에 조금이라도 이상 징후가 있으면 무조건 경고음을 울리는데 오히려 상대방을 당황하게 만드는 비신사적 행위이다.

6. 경고등(패싱 라이트/Passing Light)

① 경고음 대용으로 사용하며 앞차에 경고하기 위한 점멸등으로 레버를 당겼다, 놓았다를 반복한다. 그러면 계기판에 파란불이 점멸하는 것을 볼 수 있다. 빛의 강도는 상향등과 같으나 상향등은 지속적으로 켜진 데 반하여 경고등은 점멸등이다.
② 앞차와 거리가 멀어 경고음이 들리지 않는 경우에도 사용하는데 속도가 빨라 차간 거리가 먼 고속도로에서 많이 사용한다. 일본에서는 차간 거리와 상관없이 경고등을 사용하는 것이 일반화되어 있다.

7. 사이드 브레이크(핸드 브레이크)

① 뒷바퀴 제동을 잡아주는 역할을 한다.
② 잠글 때는 레버를 위로 올리고, 풀 때는 버튼을 누른 후 내린다.
③ 언덕 주차 시 반드시 사이드 브레이크를 잠가야 한다. 앞 브레이크(P)만 잠그면 차의 하중을 이기지 못하여 차가 뒤로 밀릴 수 있기 때문이다.
④ 초보운전자의 경우 사이드 브레이크를 풀지 않고 주행한 경험이 한두 번은 있을 것이다. 이렇게 되면 차가 뻑뻑한 느낌이 들며 심할 경우 뒷바퀴에서 마찰력에 의해 타는 냄새가 나거나 연기 또는 화재가 발생할 수 있다.
⑤ 일부 초보운전자는 버튼을 누르면서 레버를 내리는데 보통은 풀리지만 잠겼을 때는 풀리지 않는다.

8. RPM

① 엔진 속에는 크게 피스톤과 크랭크가 있는데 피스톤의 직선운동을 회전운동으로 바꿔주는 것이 크랭크이다. 이 크랭크 회전수가 RPM이다.

② 보다 정확하게 설명하면 RPM은 1분 동안 엔진의 크랭크 회전수를 뜻하며 RPM이 높을수록 공기 흡입량이 많아져 출력이 높아진다.
③ 시동 시 RPM 바늘이 0.7~0.8에 있으면 엔진이 안정화됐다는 뜻이고, 엔진오일이 엔진 내부 전체에 골고루 도포되어 윤활이 잘되고 운행하기에 무리가 없다는 뜻이기도 하다.
④ 운전 중 RPM이 1,800~2,300rpm/min일 때 속도와 기름 소모 등을 포함하여 가장 경제적인 주행이다. RPM이 올라가면 출력은 증가하지만 연료 소모는 많아진다.
⑤ 겨울에는 시동을 걸고 3분, 봄·가을에는 2분, 여름에는 1분 이상 워밍업하여 RPM을 안정화시킨 후 출발해야 엔진에 무리가 없다.

9. 속도계

현재 속도를 나타내며 가장 경제적인 주행 속도는 60~80km/hr이다.

10. 온도계

① 계기판을 보면 바늘이 중앙에서 약간 내려와 있다. 이때의 엔진 온도는 보통 90℃이며 바늘이 정중앙에 위치하면 100℃이다. 만약 바늘이 그 이상 올라가면 엔진이 과열되었다는 뜻이다.
② 엔진이 과열되었으면 냉각팬, 호스, 라디에이터, 냉각수와 부동액 유무 등을 점검한다.
③ 온도가 급상승한 상태에서 계속 주행하면 엔진이 망가지며 차에 불이 날 수 있으니 반드시 주의한다.
④ 엔진이 과열되면 응급조치로 에어컨을 켠 상태에서 팬을 돌려놓고 풍향을 자연풍(외부바람)으로 돌려 최대한 빨리 공기를 순환시켜 온도를 낮춘다.

11. 시동키

① LOCK : 키를 꽂거나 뽑는 곳이며 뺄 때는 키를 살짝 눌러 돌리면서 뺀다.
② ACC : Access 약자로 라디오에만 전원이 들어오며 휴식을 취하면서 라디오나 음악을 들을 때 사용한다.
③ ON : 시동만 걸리지 않고 모든 기기 전반에 전원이 들어온다. 따라서 시동의 기본은 ON이라고 할 수 있다.
④ START : 엔진이 작동한다. 시동이 걸리자마자 손을 떼면 키는 자동으로 ON으로 돌아가는데 START에서 계속 잡고 있으면 스타트모터(시동 모터)에 2만 5천 볼트 과전하가 걸려 모터가 탈 수 있으므로 주의한다. 시동을 걸 때는 반드시 ON에서 걸어야 급발진을 예방할 수 있고 시동이 부드럽게 걸린다. LOCK이나 ACC에서는 시동을 걸지 않는다.
⑤ ACC나 ON 또는 헤드램프, 실내등을 켜놓은 상태로 장시간 방치하면 배터리가 방전될 수 있으니 주의한다.
⑥ 시동이 잠겼을 때 : 키가 움직이지 않는다. 핸들을 흔들면서 키를 돌리면 풀어진다.
⑦ 시동은 기어 레버가 P 또는 N에 있을 때만 걸린다. 안전상 이유 때문이며 초보운전자가 가장 많이 실수하는 부분이기도 하다.
⑧ 스마트 키 버튼은 첫 번째, 두 번째 누를 때까지는 감속 페달을 밟지 않고 세 번째 누를 때 감속 페달을 밟고 시동을 건다. 그래야 급발진 등을 방지할 수 있다.

12. 와이퍼

① OFF : 작동 정지
② INT : Interval 약자. 가끔씩 작동
③ LO : Low 약자. 천천히 작동

제1장 · 초보운전자의 Warming-up

④ HI : 빠르게 작동
⑤ 분수 표시 : 레버를 당기면 분출구에서 워셔액이 분출되며 동시에 와이퍼도 작동하여 앞 유리를 세척한다.

13. 자동 변속기 레버의 의미

① P : Parking. 주차
② R : Reverse. 후진
③ N : Neutral. 중립(기어를 뺐다는 뜻)
④ D : Drive. 주행
⑤ 2 : 수동기어 2단. 오르막 또는 내리막에서 저속 주행할 때
⑥ 1 : 수동기어 1단. 오르막 또는 내리막이 심하여 저속 주행할 때
※ 기어가 낮을수록 출력은 세지만 속도는 느리고 높을수록 힘은 약하지만 속도는 빠르다.
⑦ PWR : 같은 주행 조건에서 힘을 더 내고자 할 때
⑧ HOLD : 같은 주행 조건에서 노면의 마찰력을 높이려 할 때

14. 김서림 제거 방법

서리, 눈, 성애가 끼는 결로현상이 있을 때 사용한다.

① 레버 위치를 자연풍(외부바람)으로 놓는다.
② 풍량 세기를 조절한다.
③ 풍향 위치를 〖💨〗에 놓는다.
④ A/C를 작동한다.
⑤ 바람 온도는 중간 또는 찬바람 쪽으로 향하게 한다.
⑥ 차 뒤창에도 열선이 있으므로 〖💨〗으로 서리를 제거한다.

05 사이드 미러 맞추는 법

① 사이드 미러는 좌우 사각지대를 최소화하고 상하는 옆 차선 차량이 가장 많이 보이도록 맞추는 것이 좋다.
② 일반적으로 사이드 미러에 운전자 차량이 약 1/5~1/6 정도 보이는 것이 가장 이상적이다. 이것을 진입각도라고 한다. 진입각이 적을수록 사각지대가 적어지며 이때 진입각 = 사각이 된다. 서로 엇각이기 때문이다(사이드 미러 좌우 맞추기).
③ 최대한 많은 차량을 볼 수 있도록 지평선이 미러 중앙에 위치하는 것이 좋다(사이드 미러 상하 맞추기).

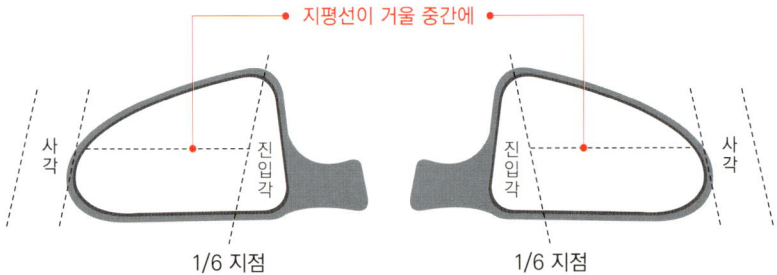

06 시동 거는 법

1. 출발할 때

1-1. 감속(브레이크) 페달을 밟는다

감속 페달을 밟아 만약의 사태에 대비한다. 급발진, 오르막, 내리막 등에서 예기치 못한 변수를 예방하고자 함이다.

1-2. 시동을 켠다(열쇠)

시동을 걸 때 LOCK, ACC에서 START로 키를 돌리는데 옳지 않다. 배터리의 전원이 차량 전체에 전달되지 않은 상태에서 시동을 걸면 차량에 내장되어 있는 반도체 등 예민한 부품에 부하를 주기 때문이다.

따라서 ON 상태에서 계기판에 브레이크 표시등, 안전벨트, 엔진오일, 엔진 표시등이 완전히 켜지면 차량 전체에 전원이 전달되었다는 뜻이므로 이때 키를 START로 돌려야 부드럽게 시동이 걸린다.

시동이 걸리면 즉시 손을 놓아야 키가 ON 위치로 돌아간다. 만약 START 위치에서 키를 계속 잡고 있으면 2만 5천 볼트 전압이 스타트모터 쪽으로 점핑하는데 계속 그와 같은 전압이 가해지면 스타트모터가 녹아버린다. 이 점을 특히 유의해야 한다.

감속 페달에서 오른발을 떼고 스마트 키 버튼을 한 번 누르면 ACC, 두 번째 누르면 ON 상태가 된다. 마지막으로 오른발로 감속 페달을 밟고 버튼을 누르면 시동이 걸린다. 이렇게 순차적으로 시동을 걸어야 엔진에 무리가 없다.

초보딱지 떼는 **테크니컬 드라이브**

1-3. 사이드 브레이크(핸드 브레이크) 레버를 내린다

사이드 브레이크를 풀 때 레버 중앙에 있는 버튼을 누르고 레버를 내린다. 그러나 레버를 내리면서 버튼을 누르면 레버가 내려가지 않을 수 있다. 이때 반대로 레버를 위로 올리면서 버튼을 누르고 다시 레버를 내리면 풀린다.

사이드 브레이크는 뒷바퀴 제어 브레이크이다. 사이드 브레이크를 채운 상태에서 출발해도 차는 앞으로 나아간다. 그러나 이런 사실을 모른 채 계속 주행하면 뒷바퀴 브레이크 쪽에 열이 발생하여 차량에 불이 날 수 있다. 또 주행 시 뭔가 뒤쪽에서 당기는 느낌을 받을 것이다.

1-4. 기어를 넣는다(D 또는 R)

보통 시동을 걸고 여름에는 1분, 겨울철에는 3분 후 출발하는 것이 좋다. 엔진 오일이 바닥에 가라앉아 있는 상태이므로 오일을 엔진 전체에 고루고루 분산시켜 윤활작용이 원활해야 엔진 손상을 막을 수 있기 때문이다.

기어를 넣을 때 브레이크를 조금 세게 밟아야 기어가 들어간다. 그러나 주행할 때는 브레이크를 밟지 않아도 기어를 변속할 수 있다.

1-5. 가속 페달(액셀러레이터)을 밟는다

계기판의 RPM 눈금이 700~800rpm/min일 때 출발하는 것이 가장 이상적이지만 1,000 이하라면 출발해도 무방하다.

가장 이상적인 주행 중 RPM은 1,500~2,500rpm/min으로 연료 소모가 가장 적은 경제적 속도이며 2,500rpm/min은 속도는 빠르나 연료 소모가 많은 비경제적 속도이다.

2. 시동 끄는 법

시동 켜는 순서 역순으로 하면 된다.

① 감속 페달을 밟는다.
② 기어를 P에 놓는다.
③ 사이드 브레이크를 올린다.
④ 시동을 끈다.
⑤ 감속 페달에서 발을 뗀다.

3. 하차 시 주의할 점

운전자는 반드시 뒤쪽 주행차량과의 안전거리를 확보한 상태에서 하차해야 한다. 만약 차문을 열 때 뒤쪽 주행차량과 사고가 났다면 전적으로 차문을 연 운전자 책임이다. 왜냐하면 도로는 주행이 최우선이기 때문에 뒤쪽 주행차량에 우선권이 있기 때문이다.

초보딱지 떼는 테크니컬 드라이브

07 출발과 정지

1. 출발 전 준비사항

1-1. 안전벨트를 맨다

출발하기 전 기본적인 준비자세이다. 기어는 P 레버에 놓여 있어야 한다.

1-2. 감속 페달을 밟고 시동을 건다

혹시 모를 돌발사고나 안전사고를 대비함이 목적이다. 시동은 P 또는 N에서만 걸린다.

1-3. 사이드 브레이크를 푼다

초보운전자 중 사이드 브레이크를 풀지 않고 주행 레버 D를 조작하는 경우가 있는데 만약 그대로 출발하여 주행하면 차에 불이 날 수 있다.

1-4. 기어를 주행 레버 D에 놓고 출발한다

출발하기 전 브레이크를 세게 밟은 상태에서 기어를 D로 변속한다. 감속 페달을 밟지 않고 D로 변속하면 변속이 되지 않는다. 이는 변속이 되면 큰 사고로 이어질 수 있기 때문인데 반드시 감속 페달을 밟고 기어를 변속한다.

1-5. 가속 요령

출발할 때는 속도가 느리기 때문에 감속 페달에서 발을 떼어도 기어가 들어가 있는 상태이므로 1단 속도가 유지된다. 이때는 속도가 느리기 때문에 가속 페달을 약하고 짧게 밟고 속도가 붙었을 때는 점점 세고 길게 업다운하면서 밟는다.

2. 감속·정지하는 방법

① 감속 페달은 속도가 빠르거나 도로가 직선일수록, 앞차와 거리가 멀수록 강하고 길게 업다운하고, 속도가 느리거나 커브 혹은 코너길인 경우, 앞차와의 거리가 가까운 경우는 약하고 짧게 밟는 것이 속도와 감속 밸런스를 맞추는 방법이다.

② 앞차가 브레이크를 밟으면 뒤차도 같이 감속 페달을 밟든가 또는 가속 페달에서 발을 떼어 엔진 브레이크를 걸어야 한다. 만약 앞차가 감속 페달을 밟았음에도 뒤차가 가속 페달을 밟을 경우 순식간에 앞차에 붙어버린다. 그러면 당황하여 급히 감속 페달을 밟는데 차량은 정지해도 관성이 작용하여 운전자 몸이 앞으로 급격히 쏠리는 것을 종종 볼 수 있다.

③ 앞차가 속도를 줄이거나 감속 페달을 밟을 때 뒤차도 가속 페달에서 발을 떼어 엔진 브레이크를 걸고 있다 어느 정도 앞차와 가까워졌을 때 강약을 주면서 감속 페달을 여러 번 나누어 밟는다.

④ 일단 어느 정도 감속 페달을 세게 밟아 뒷바퀴의 관성을 줄여 쿨렁 하는 기운을 없앤 후 앞차와 약 10m 정도 거리를 둔다는 느낌으로 서서히 풀어주듯이 브레이크 강약을 조절한다.

⑤ 앞차 뒷바퀴가 운전자 차량 보닛 끝과 살짝 겹치는 순간 정차한다. 앞차와 대략 3~4m 거리이며 뒤에 오는 차와 운전자 차량이 추돌하였을 경우 앞차와 연쇄 추돌을 방지할 수 있는 최소한의 거리이다. 핸들을 돌려 한 번에 옆으로 빠져나갈 수 있는 거리이기도 하다.

08 방향지시등(깜빡이) 켜는 법

우회전하거나 우측으로 차선을 변경할 때 우측 깜빡이를 넣고 좌회전 또는 좌측으로 차선을 변경할 때는 좌측 깜빡이를 넣는다.

그러나 예외적인 경우가 있다.

그림 ① : 차량이 오른쪽으로 가고자 할지라도 왼쪽 깜빡이를 켠다. 어차피 오른쪽으로 갈 수밖에 없기 때문에 후방에서 오는 차량들에게 운전자 차량의 깜빡이가 눈에 잘 보이게 하기 위함이다.

그림 ② : 좌회전할 수 있는 도로에서 우회전할 때는 우회전 깜빡이를 넣는다. 이때 왼쪽 깜빡이를 넣으면 좌회전한다는 의미이다.

제1장 · 초보운전자의 Warming-up

09 초보운전자의 도로주행 수칙

1. 간선도로 위주로 주행하라

초보운전가가 좁은 길을 다닐 경우 차량 옆 물체와의 거리감을 느끼지 못할 뿐 아니라 보이지 않는 사각지대가 많고, 아직 운전에 대한 순발력과 유연성이 충분하지 않기 때문에 순간순간 여기저기서 튀어나오는 사람들에게 제대로 대응할 수 없다.

2. 한가한 시간대를 이용하라

보통 오전 10시부터 오후 3시 사이는 하루 중 가장 한가하므로 이 시간대를 충분히 활용한다.

3. 도로 끝 차선은 피하라

끝 차선은 택시나 버스 등이 승객을 승·하차시키기 위해 차선 변경이 빈번한 곳이므로 초보자에게는 부담스러운 곳이다. 주로 안쪽 차선인 1, 2차선으로 주행하되 목적지에 다다라서 끝 차선으로 변경하여 빠져나가는 것이 좋다.

그러나 고속도로에서는 끝 차선으로 주행하는 것이 안전하다. 고속도로는 1차선이 추월 차선이고 바깥쪽은 주행 차선이어서 추월 차선보다 저속으로 운전할 수 있다. 또한 고속도로에서는 특별한 일이 없는 한 차량들이 끝 차선에 주·정차하지 않기 때문이기도 하다.

초보딱지 떼는 **테크니컬 드라이브**

4. 아는 길만 다녀라

초보운전자가 모르는 길을 다닐 경우 신호등, 표지판, 교차로 내 화살표 등을 확인하면서 차선까지 변경하는 것은 매우 어렵다. 처음에 아는 길만 다니면 주위의 모든 주행 정보 파악이 수월하게 이루어지며 이러한 훈련을 통하여 충분한 시야 확보가 용이해진다.

5. 점진적으로 운전 범위를 넓혀라

① 한가한 시간대에서 출퇴근 시간대로
② 큰길에서 좁은 골목길로
③ 아는 길에서 모르는 길로
④ 주간운전에서 야간운전, 골목길 순으로 운전 범위를 넓혀라.

6. 주행 및 주차 연습을 자주 하라

운전이 어느 정도 숙달된 후에는 연습을 안 해도 되지만 숙달 기간 중 연습을 게을리할 경우 감각이 무디어져서 처음부터 다시 주차나 주행 감각을 익혀야 하는 일이 발생한다. 주차의 경우 외출 전 연습하고, 외출하고 돌아와서도 연습하면 주차가 빨리 숙달된다.

10 감속과 가속

1. 감속 기기

1-1. 풋 브레이크

① 오른발로 밟는 브레이크를 말한다.
② 가장 강력한 브레이크로 앞바퀴, 뒷바퀴 모두 제동이 걸린다.
③ 운전할 때 많이 쓰이며 감속 페달이라고도 한다.

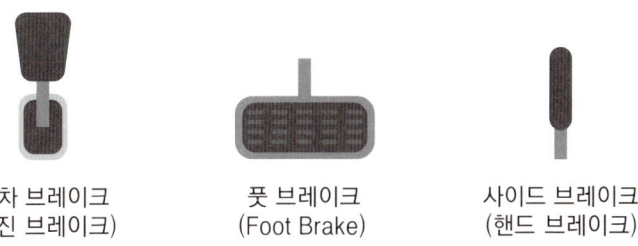

주차 브레이크 (엔진 브레이크) / 풋 브레이크 (Foot Brake) / 사이드 브레이크 (핸드 브레이크)

1-2. 엔진 브레이크

① 눈 올 때, 빙판길, 내리막길 등에서 신속히 속력을 줄이고자 할 때 풋 브레이크를 밟으면 차는 즉시 정지하지만 관성이 남아 있어 차량이 한쪽으로 돌아갈 수 있다.
이것을 방지하고자 풋 브레이크를 밟지 않고 기어의 단수를 급격히 줄이게 된다. 보통 기어를 D에서 2단 또는 1단으로 변속하는 것을 말한다. 이렇게 되면 차는 회전하지 않고 속도만 급격히 떨어지는데 이 상태에서 풋 브레

이크를 밟아야 차가 돌아가지 않는다.
② 가속 페달에서 발을 떼어 RPM을 떨어뜨린 상태에서 주행하는 것도 엔진 브레이크 일종이라 할 수 있다.

1-3. 주차 브레이크(P 레버)

주차 브레이크 또는 앞바퀴 브레이크라고도 하며 가장 기본적인 주차 방식으로 앞바퀴에만 제동이 걸린다.

1-4. 사이드 브레이크(핸드 브레이크)

① 뒷바퀴 브레이크라고도 하며, 뒷바퀴에만 제동이 걸린다.
② 평지에서는 P 레버만 이용해 주차해도 무방하지만 경사면에서는 반드시 사이드 브레이크를 함께 사용해야 한다. 언덕에서 레버를 P에 놓았을 경우 차체 무게에 의해 브레이크가 풀릴 수 있기 때문이다.

1-5. 더블 브레이크(Double Brake)

브레이크를 밟을 때 한 번에 밟지 않고 나누어서 밟는 것을 말한다. 왜냐하면 한 번에 밟을 경우 급정거나 급발진 원인이 될 수 있기 때문이다. 업다운(Up-Down) 브레이크라고도 한다.

2. 감속 페달 사용법

감속 페달인 브레이크는 주행 중일 때 앞차와 일정한 거리를 유지하거나 안전하게 정지하고자 할 때 사용한다.

2-1. 브레이크 사용이 용이한 운전자의 자세

운전자의 무릎을 핸들 받침대에 바짝 붙이면 페달을 밟을 때 뒤꿈치가 지면에서 떨어져 돌발상황에 대처하는 데 불리하다. 따라서 뒤꿈치가 바닥에서 떨어지지 않게 하려면 무릎과 핸들 받침대 사이에 최소한 주먹 한 개 들어갈 정도의 거리를 두어야 한다. 즉 운전자의 무릎 각도는 팔과 다리가 편안함을 느끼는 120도 이상을 유지해야 한다.

2-2. 브레이크 밟는 요령

① 발은 브레이크 페달을 3등분으로 나누었을 때 가장 오른쪽에 두어야 이상적이며 운전자의 순발력을 높일 수 있다. 주행 중 감속하거나 앞차와 거리가 있는 경우에는 브레이크 페달을 서서히 약하게 밟는다. 속도가 빠르거나 앞차와 거리가 가까운 경우에는 짧고 강하게 밟는다.
② 초보자들은 앞차와의 거리가 가까워지면 간격 유지를 위해 브레이크 페달을 세게 밟는 경우가 많다. 이때 운전자의 몸이 앞으로 쏠리는데 관성이 남아 있기 때문이다. 평상시보다 브레이크를 세게 밟은 후 느슨하게 풀어주면 뒷바퀴의 관성을 감소시키면서 앞차와의 간격도 유지할 수 있다.

2-3. 상황별 브레이크 사용 요령

1) 골목길

골목길은 주변 곳곳에 위험요소가 산재하므로 주변 상황을 충분히 살피면서 브레이크를 짧게 여러 번 나누어 반복해서 밟는다.

골목길에서는 속도를 낼 수 없으므로 감속 페달 위에 발을 올려놓고 약하고 짧게 밟는 것이 좋으며 돌발상황에서는 세게 밟아 위기상황에서 벗어나야 한다.

초보딱지 떼는 **테크니컬 드라이브**

2) 고속도로·일반도로

속도가 빠르며 위험요소가 멀리 있고 상대적으로 골목길에 비해 시간적 여유가 있다. 따라서 운전자는 가속 페달 위에 발을 놓고 길고 세게 업다운하는 것이 일반적이다. 감속은 주로 엔진 브레이크를 사용한다.

3) 내리막길

내리막길에서 풋 브레이크를 계속 사용하면 마찰력에 의해 브레이크액이 과열되거나 라이닝 과열로 제동력이 떨어질 수 있으므로 주의한다. 급경사에서 기어 단수를 낮추는 엔진 브레이크를 걸면 풋 브레이크를 밟지 않고도 정속주행할 수 있다.

4) 커브길

급커브 전방 약 20~30m 지점에서 브레이크를 밟아 속도를 줄이고, 급커브 지점을 지나자마자 바로 가속 페달을 밟는다(진입할 때는 느리게, 통과하면 빨리). 자세한 요령은 **커브길 주행법**(p.142)을 참조한다.

5) 빗길 또는 진흙길

엔진 브레이크를 사용해 지면에 대한 접지력을 충분히 확보한 상태에서 속도를 줄인 후 풋 브레이크를 사용하여 정지하고 주차 브레이크를 걸고 사이드 브레이크를 걸면 효과적이다. 만약 주행 중 풋 브레이크만 사용하면 차량이 예상보다 길게 미끄러질 우려가 있다.

3. 가속

① 가속 페달로 액셀이 있다.
② 가속 페달은 계속 밟는 것이 아니라 반복적으로 살며시 밟았다(Down) 살며시 풀어준다(Up). 그래야 앞차와 안전거리를 유지하며 주행할 수 있다.

제1장 · 초보운전자의 Warming-up

③ 전방에 위험이 감지되었을 때는 가속 페달 밟고 떼는 업다운 간격을 짧고 부드럽게, 충분한 거리가 확보되었을 때는 길고 부드럽게 업다운한다.

④ 코너·커브길에서는 원심력(회전력)이 커진다. 이때는 가속 페달을 짧고 약하게 업다운해야 원심력이 약해져 운전자의 자세가 흐트러지지 않고 안정적으로 운전할 수 있다.

⑤ 가속 페달은 속도가 느리고 주변 상황이 위험할수록 짧고 부드럽고 약하게, 속도가 빠르고 주변 상황이 안전할수록 길고 깊게 밟는 것이 요령이다.

⑥ 저속일 때 운전자의 발은 감속 페달 위에 있어야 하고 속도가 빠를 때는 가속 페달 위에 있어야 한다.

요점 정리

구 분	내 용	조작 요령
가속 페달	직선 도로, 속도가 빠를 때, 안전할 때 * 돌발상황 시 지체 없이 브레이크를 세게 밟는다.	길고 세게 밟는다.
감속 페달	코너·커브길, 속도가 느릴 때, 위험할 때	짧고 약하게 밟는다.
항아리 핸들링	직선 도로나 속도가 빠를 때, 안전할 때	천천히 조금씩 돌린다.
	코너·커브길, 속도가 느릴 때, 위험할 때	빨리 많이 돌린다.

초보딱지 떼는 **테크니컬 드라이브**

11 경고 표시등 종류

1. 안전벨트 착용 표시등

운전자가 안전벨트를 착용하지 않았을 때 불이 켜진다.

2. 사이드 브레이크 작동 표시등

사이드 브레이크가 올라가 있거나 브레이크 오일이 부족할 때, 라이닝이 닳았을 때 경고등이 켜질 수 있으며 만약 사이드 브레이크가 채워진 채로 주행하면 뒤에서 차를 끌어당기는 느낌이 들고 무엇인가 타는 냄새가 난다. 그 상태에서 계속 주행한다면 뒷바퀴 쪽이 과열되어 화재가 날 수 있다.

3. 배터리 표시등

경고등이 선명하지 않고 탁한 색을 띠거나 깜빡거리면 배터리 수명이 다 되었으니 교체하라는 뜻이다. 그러나 주행 중 불이 들어오면 배터리 문제가 아니고 스타트모터, 즉 발전기에 문제가 있을 수 있으니 즉시 정비해야 한다.

4. 오일 경고등

엔진오일이 새거나 타서 오일 양이 적정 수준 이하로 떨어지면 오일등이 켜지는데 이때 엔진에서 쇠가 부딪치는 듯한 소음이 들린다.

5. 엔진 경고등

엔진이나 각종 센서, 컴퓨터 등에 이상이 발생할 경우 켜지며 즉시 이상 유무를 점검한다.

6. 연료등

연료가 부족하면 점등하는데 이 시점부터 40~50km는 더 주행할 수 있다. 연료를 가득 채우면 그 무게만큼 안고 주행해야 하기 때문에 연비가 떨어질 수 있지만 반대로 엔진 온도를 냉각하는 동시에 소음 저감 효과도 가져올 수 있다.

7. 문 열림 표시등

문을 완전히 닫지 않았을 때 켜진다. 이런 상태에서 주행하면 갑자기 문이 열리면서 위험한 상황이 발생할 수 있다.

12 신호등

1. 적색·주황색·녹색·좌회전 화살표로 구분된다

① 적색 신호등에서는 무조건 정지한다.

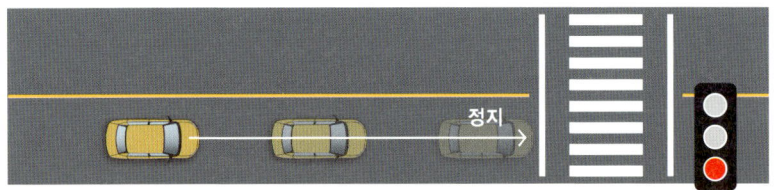

② 주황색 신호등도 일차적으로 정지 의미를 지닌다. 주황색 신호등이 켜졌을 때 정지선과의 거리가 충분하면 속도를 줄이면서 정지선에서 정지한다. 그러나 정지선에 가까이 있을 때 주황색 신호등으로 바뀔 경우 급정거하면 뒤따르는 차량과 추돌할 우려가 있으므로 그대로 교차로를 통과한다.

교차로를 지나는 동안 주황색 신호등이 켜진 상태이고 교차로를 완전히 통과한 다음 적색 신호등이 켜지면 신호 위반이 아니다. 즉 교차로나 건널목을 지날 때 정지선 가까이에서 주황색 신호등으로 바뀌었다면 그대로 진행한다. 절대 급정거하지 말라는 뜻이다.

제1장 · 초보운전자의 Warming-up

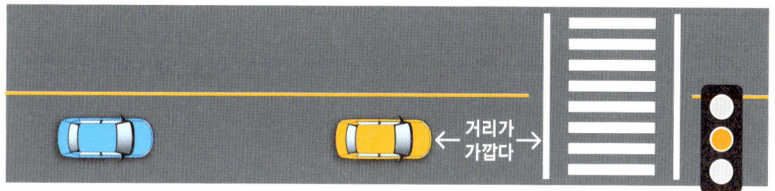

2. 녹색등이 켜졌을 때

녹색 신호등은 직진하라는 의미이다. 정지선에서 신호 대기 중 녹색 신호등이 켜지면 앞차를 보면서 주행한다. 멀리 본 다음 가까이 보고, 신호를 확인하고 앞차를 보는 주행 법칙을 따른다.

3. 좌회전 · 우회전할 때

신호를 확인한 다음 앞차를 보되 커브길에서는 속도가 느리고 시야 확보가 어려워 운전자 차량이 차선을 넘었는지 잘 모를 수 있다. 이때 운전자는 몸을 전방으로 살짝 당겨 차량 끝 모서리와 차선을 맞추면서 액셀은 짧게 짧게 톡톡거리며 회전하되 직선 도로에 다가가면 신속히 핸들을 풀어 가속 페달을 밟는다. 이때 톡톡거리는 것은 원심력을 최소화하기 위함이다.

13 주행이란

주행은 '움직이는 자동차 따위의 바퀴 달린 탈 것이 달려감'이란 뜻으로 자동차가 어떻게 운행할 것인가에 주안점을 두어야 한다.

1. 주행 개념

① 주행할 때 앞차와 일정한 거리(간격)를 유지해야 한다. 그래야 앞차와 추돌을 최대한 피할 수 있다. → **안전거리 확보(간격 유지)**

② 주행은 옆 차와 평행이 기본이다. 옆 차와 평행이야말로 안전운전의 척도이기 때문이다. → **차선 지키기(평행 유지)**

   옆 차와 평행을 유지하기 위해서 운전자는 몸에서 힘을 빼 올바른 운전자세를 유지해야 한다.

③ 각도/속도 = 1이 되어야 운전 균형이 일정하고 흔들림이 없다. 운전은 물리, 수학 이론을 기반으로 과학적 행위와 올바른 기기 조작을 통하여 안전하게 목적지에 도달하는 것이다. 운전자는 먼저 이론을 숙지하고 판단한 후 행동하는 것을 반복하여 올바른 운전 습관이 몸에 배도록 한다.

④ 자동차는 움직이는 물체이므로 힘의 작용과 반작용, 입사각과 반사각, 원심력의 크기, 관성, 속도, 각도(주행 방향), 탄성 정도를 항상 인지하여 주변 상황에 적절하게 대응해야 한다.

⑤ 운전은 첫째 시야 확보, 둘째 확인, 셋째 주행의 3가지 조건을 반복적으로 만족시키는 행위이다.

⑥ 주행은 속도·방향·확인의 3위 일체이다. 감속 페달과 가속 페달 조작에 따른 속도의 빠르고 느림, 핸들 조작을 통한 좌우 방향, 룸미러와 사이드 미러

로 상대 차량을 확인하여 위험요소로부터 회피하는 것이 안전운전이다.
⑦ 운전자가 물리학 개념을 숙지하였다 해도 움직이는 것은 운전자의 몸이므로 '순발력과 유연성'이 그에 맞게 따라주어야 한다. 즉, 몸과 마음이 일체되지 않는 경우가 있는데 '반복적'인 훈련을 통하여 극복할 수 있다. 따라서 머리, 몸, 자동차 3위가 일체되어야 가장 편안하고 안전하게 운전할 수 있다.
⑧ 주행은 첫째 안전하게, 둘째 약자를 보호하면서 가고자 하는 목적지까지 운전하는 것이다. 적을 알고 나를 알아야 백전백승할 수 있듯이 시시각각 변하는 주변 상황을 살피면서 방어운전해야 한다.
⑨ 운전은 눈이다. 운전자는 눈으로 위험요소를 발견·인지하고 머리로 판단한 후 조건반사로 회피하는 것을 게을리하지 말아야 한다.

Tip
① 앞차와 안전거리를 유지하고 옆 차와 평행을 유지하기 위하여 눈으로 위험요소를 인지하고 머리로 판단한 후 몸으로 조작 행위를 하는 것이 주행이다.
② 운전은 '시야 확보, 확인, 진입, 푼다'이다.

2. 주행 습득 요령

① 운전에 관한 기초 지식을 습득한다. → **책을 통한 이론 습득**
② 실제 조작행위를 연습하며 오감으로 익힌다. → **위험요소 인지 훈련**
③ 조작행위를 반복·숙달하여 습관화시킨다. → **위험요소 판단**
④ 습관화된 조작행위를 정형화시킨다. → **조건반사 운전**

3. 주행 3요소

구분/항목	시야 확보	확인	진입	기타
시선 처리	신호등, 표지판, 노면 화살표, 옆 차량 앞바퀴	앞 차량 후미, 차선	전방 주시	멀리 보고 가까이 보고, 넓게 보고 좁게 보기
사물 인지	위험요소 먼저 보고 목적지 나중 보기	주행 중인 앞 차량, 옆 차량	전체 흐름 파악, 원심력 최소화	차량 옆이 위험할 때 앞바퀴 평행으로 놓기
수단	여러 번 나누어서 반복	노면 차선 진행 방향 반대쪽 확인	꺾인 쪽으로 붙여 주행 각도 줄이기	
순서	인지(시야 확보)	판단(지식)	행동(조작)	습관, 조건반사
사람	눈	머리	몸	
위험 요소	위험 예지	위험 예방	위험 대처	

3-1. 시야 확보 : 한 번에 하지 말고 나누어서 반복하라

① 숲을 보는 행위로 전방의 차량 흐름 전체를 파악한다. 도로상 각종 위험요소를 사전에 인지하여 위험에 대비한 예방책을 세울 수 있도록 한다.

② 이때 보아야 하는 것은 신호등, 예비 또는 본 표지판, 교차로 노면에 있는 화살표 등이다. 이런 것은 가까이 보고자 하면 보이지 않는다. 미리 전방의 정보를 읽고 예비동작을 취하여 급정거, 급발진, 급회전을 사전에 방지할 뿐 아니라 초행길을 잘 찾아가는 능력을 키울 수 있다.

③ 수단으로는 감속 페달, 가속 페달을 조금씩 나누어 여러 번 밟고, 사이드 미러도 오래 보지 말고 짧게 여러 번 나누어 보는 것이 좋다. 즉, 무엇이든

제2장 · 초보운전자를 위한 주행의 모든 것

한 번에 하지 말고 조금씩 여러 번 나누어 반복하는 것이 안전운전의 기본이다.

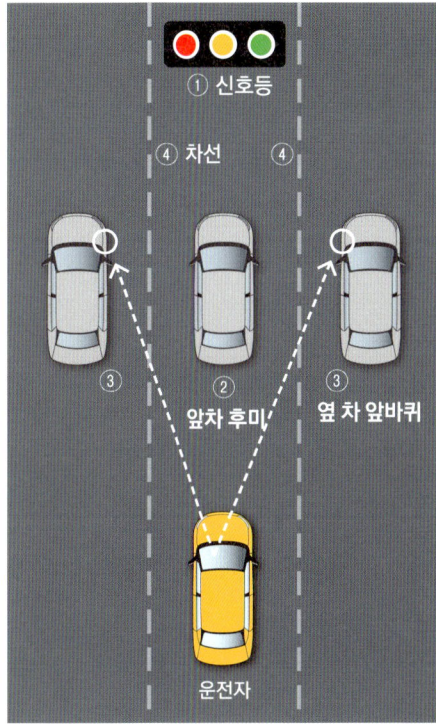

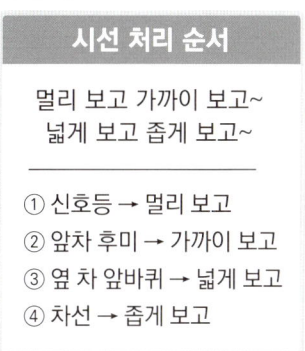

시야 확보

시선 처리 순서

멀리 보고 가까이 보고~
넓게 보고 좁게 보고~

① 신호등 → 멀리 보고
② 앞차 후미 → 가까이 보고
③ 옆 차 앞바퀴 → 넓게 보고
④ 차선 → 좁게 보고

3-2. 확인 : 가고자 하는 반대쪽부터 확인하라(방어운전)

① 미리 파악한 정보를 구체화하는 작업이다. 숲의 특성을 잘 파악하였다면 다음은 나뭇잎의 특성을 파악해야 한다. 직접적인 사고가 날 수 있기 때문에 좀 더 가까이 보고, 좁게 보는 세심함이 필요하다.
② 구체적으로 **멀리 보고, 가까이 보고**를 설명하면 주행 중 신호등, 표지판, 화살표 등을 먼저 보고 나중에 앞차를 살피라는 뜻이다. 이와 반대로 앞차를 먼저 보고 신호등을 보게 되면 앞차의 행동에 따라 운전자의 행동이 결정

초보딱지 떼는 **테크니컬 드라이브**

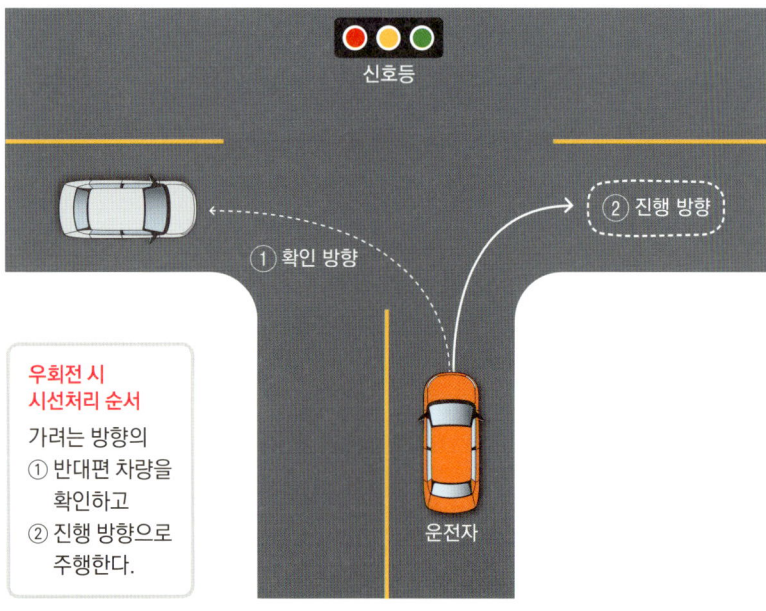

되므로 급정거 원인이 된다.

넓게 보고, 좁게 보기는 먼저 옆 차량 앞바퀴 방향을 보고 나중에 차선을 보는 것이다. 이렇게 해야 '착시현상'을 막을 수 있다. 특히 옆 차량이 덤프트럭이나 버스 같은 대형차인 경우 그 차량이 운전자 앞으로 넘어오는 느낌을 받을 수 있다. 일종의 착시인데 무의식적으로 급핸들을 틀면 치명적 사고로 이어질 수 있다.

앞과 옆을 반복적으로 확인하되 여의치 않을 때는 서행하면서 확인하고 그래도 확인되지 않을 때는 잠시 정지해서 확인 후 주행하는 것이 좋다.

③ 수단으로는 진행 방향의 반대쪽을 먼저 확인한다. 이것이 방어운전의 가장 기본적인 방법이라 하겠다. 주행 중인 차량이 좌회전 시 진행 방향의 반대쪽인 우측의 안전 유무를 먼저 확인하고, 우회전 시는 좌측 도로를 먼저 확

인하며, 좌측으로 차선 변경 시 진입하려는 반대쪽 좌측 차선 후방을 보기 위해 좌측 사이드 미러를 확인하고, 우측 차선으로 차선 변경 시 우측 사이드 미러를 먼저 확인하는 것과 같다. 즉, 가고자 하는 방향 반대쪽 안전 유무를 확인하고 진입하는 것이다. 항상 위험요소를 먼저 보고 목적지 방향을 나중에 보는 것이 방어운전이다.

3-3. 진입 : 흐름 각도를 줄여 원심력을 최소화하라

① 진입 시 운전자는 전방을 주시하며 운전자의 '코'가 도로 중앙에 있도록 하고, 시선은 한쪽 차선만 주시하지 말고 양쪽 차선을 동시에 보면서 주행해야 어느 한쪽으로 치우치지 않는다.
② 주행 시 먼저 신호등 보고, 나중에 앞차 후미 보고, 지나가는 옆차 앞바퀴 방향 보고, 도로 위 차선을 반복해서 본다.

3-4. 앞바퀴를 정렬하라

핸들을 돌렸으면 반드시 앞바퀴를 일자로 정렬한다. 흔히 **핸들을 푼다**고 하는데 핸들을 돌린 상태로 그대로 잡고 있으면 계속 회전하기 때문에 경로를 이탈하게 되므로 이를 방지하기 위함이다.

Tip
① 반복적인 시야 확보 → 확인 → 진입
② 위험요소 인지 → 위험요소 판단 → 위험요소 회피 조작
③ 멀리 보고 가까이 보고(신호 보고 앞차 후미 보고)

4. 주행 기본 요령

① 반복하라 → 기기는 한 번에 조작하지 말고 여러 번 나누어 조작한다.
② 반대쪽을 봐라 → 가고자 하는 쪽 반대 방향을 먼저 확인한다(방어운전).
③ 붙여라 → 커브길에서는 안쪽으로 붙여 주행한다(진행각 최소화, 원심력 최소화).
④ 풀어라 → 핸들을 돌렸으면 반드시 원래 위치로 돌린다(앞바퀴를 일자로 놓는다).
⑤ 당겨 봐라 → 커브길, 골목길 등에서는 위험요소가 가까이 있고 속도가 느리므로 시선을 가까이 둔다.
⑥ 차선 변경 → 시야 확보를 위해 차선에 붙이면서 시도한다(적극적 방어운전).
⑦ 운전의 기본 기술은 각도 우선(핸들 우선)이다. 핸들로 방향을 잡은 후 페달을 조작한다.
⑧ 회전력을 줄여라 → 구심력과 원심력의 균형은 항상 1이 되어야 한다. 속도 × 각도 = 0이 되어야 한다.

5. 주행 격언

- 운전은 습관이며 조건반사(감과 촉)이다. 세 살 버릇 여든까지 간다.
- 적을 알고 나를 알면 백전백승이다. 운전도 마찬가지이다.
- 운전은 물리 법칙이고 수학이다. 운전은 작용과 반작용 법칙, 조건반사와 차의 흐름을 타면서 주행 각도를 줄이는 데 있다.
- 운전은 전쟁과 같다. 전장에 맨몸으로 가느냐, 칼을 차고 가느냐, 총칼로 완전무장하고 가느냐에 따라 살아 돌아올 수 있는 확률이 달라진다. 즉, 운전은 확률 게임이다.
- 운전은 눈치 싸움이다. 눈치를 보면서 뜸을 들이는 것이다(간보기).
- 운전은 순발력과 유연성, 정교함이다.
- 운전은 기본 수칙을 철저히 지키는 데 있다. 기본기에 충실하라.

초보딱지 떼는 **테크니컬 드라이브**

- 운전은 안전운전과 약자 보호가 생명이다.
- 운전은 절대적인 것이 아니라 상대적이다. 1+1 = 2가 아니라 1.5~2.5 사이다. 유연한 사고를 할 수 있어야 한다(안전범위를 유지한다).
- 운전은 자세이다. 운전자는 몸의 힘을 빼고 바른자세로 운전해야 한다 → 앞차와 안전거리 유지, 옆 차와 평행을 유지하기 위함이다.
- 초보자일수록 운전이 쉽고, 고수일수록 운전이 어렵다. 초보는 무식해서 용감하지만 고수는 알면 알수록 방어운전을 하기 때문이다.
- 운전의 분모는 속도(기본)이지만 분자는 각도(기술)이다.
- 운전은 위험요소를 제거 또는 회피하는 기술이다.
- 운전 = $\dfrac{\text{분자}}{\text{분모}}$ = $\dfrac{\text{각도}}{\text{속도}}$ = $\dfrac{\text{원심력}}{\text{구심력}}$ = $\dfrac{\text{기술}}{\text{기본}}$ = 1이어야 한다(힘의 균형 유지).
- 운전과 투자는 적극적이 아니라 소극적으로 한다(양보운전, 회피운전).
- 고수는 감으로, 초보는 지식으로 운전한다.
- 핸들은 날계란 잡듯이 느슨하게 잡고, 페달은 연두부 밟듯이 살며시 밟아라.

14 주행 조작요령

주행은 앞으로 달리는 행위이다. 달리는 방향을 주시하면서 사이드 미러를 통해 다른 차량도 살펴야 한다. 즉 주행은 자동차의 주요 기기들을 조작하여 안전을 확보하고 전반적인 차량 흐름을 파악하면서 목적지로 가는 것이다.

1. 페달 업다운

① 그림처럼 감속 페달을 3등분한 후 오른쪽 1/3 지점에 오른쪽 발을 살짝 얹는다. 이때 뒤꿈치는 바닥에서 떨어지면 안 된다. 발꿈치가 바닥에서 떨어지면 발가락으로 힘이 쏠려 급정거, 급발진 원인이 된다. 페달은 연두부 밟듯이 살며시 밟는다.

감속 페달 (브레이크)
오른발 위치

가속 페달 (액셀)

② 감속 페달과 가속 페달의 거리가 가까워 위기상황에 신속하게 대처할 수 있다(발바닥 좌우 이동).
③ 초보운전자는 감속 페달이나 가속 페달을 밟을 때 힘을 주는데 이렇게 되면 급정거, 급발진 원인이 된다. 따라서 발가락과 발바닥 중간 위치로 페달을 밟아야 부드럽게 점진적으로 가감속할 수 있다.
④ 페달은 항상 반복적으로 나누어서 서서히 밟고 떼는 것(Up-Down)이 좋으며 발은 항상 페달 위에 있어야 발바닥으로 미세한 감각을 충분히 느낄 수 있다(발바닥 위, 아래 이동). 즉 연두부 밟듯이 살며시 업다운한다.
⑤ 돌발상황 발생 시 지체 없이 감속 페달을 힘껏 밟아 급정거한다.

초보딱지 떼는 **테크니컬 드라이브**

⑥ 안전거리가 충분하고 주변환경이 위험하지 않아 가속 페달을 밟을 때는 서서히 업다운하고 업다운 간격을 많이 둔다.
그러나 커브길이나 급경사, 안전거리가 충분치 않거나 속도가 느릴 때 등 주변환경이 위험한 곳에서는 약하고 짧게 업다운한다.
⑦ 속도가 빠를 경우 운전자는 가속 페달에 발을 놓고, 속도가 느리거나 골목길 등에서는 감속 페달 위에 발을 놓는다.

Tip 주변 상황이 안전하면 길고 세게 나누어 페달을 업다운하고 위험하면 나누어서 약하게 업다운한다.

2. 항아리 핸들링

2-1. 4종류 핸들 조작

구 분	내 용
항아리 운전법. 가장 기초적 운전법	정교한 운전 시, 골목 운전, 주차 시 유리하며 올바른 운전자세와 몸의 힘 빼기에 적합한 핸들 조작법
바깥쪽으로 감아 돌리기 또는 바깥쪽 줄다리기법	① 큰길 또는 커브길 운전 시 핸들링 시간을 단축시킬 때, 여유 있는 도로에서 핸들을 조작할 때 ② 11시 또는 1시 방향에서 시작하며 핸들을 바깥쪽으로 감는다.
안쪽으로 감아 돌리기 또는 안쪽 줄다리기법	① 회전력을 크게 요구할 때, 급회전 시, U턴 시 ② 11시 또는 1시 방향에서 시작하며 핸들을 안쪽으로 감는다.
푼다	① 핸들을 돌린 후 관성이 있을 때 앞바퀴를 푼다. ② 손에 힘을 빼면 유연성이 증대된다. ③ 관성에 의해 자동으로 앞바퀴가 일자로 놓인다.

2-2. 핸들 잡는 법

① 핸들 중앙 위쪽을 느슨하게 잡고 쓸어내리듯 돌린다.
② 날계란 쥐듯이 느슨하게 잡는다.
③ 엄지손가락을 구부리지 않고 펴서 검지와 떨어지게 잡는다. 영국에서는 면허시험 볼 때 엄지와 검지가 붙을 경우 불합격이다.

2-3. 항아리 운전법(Non Cross Method)

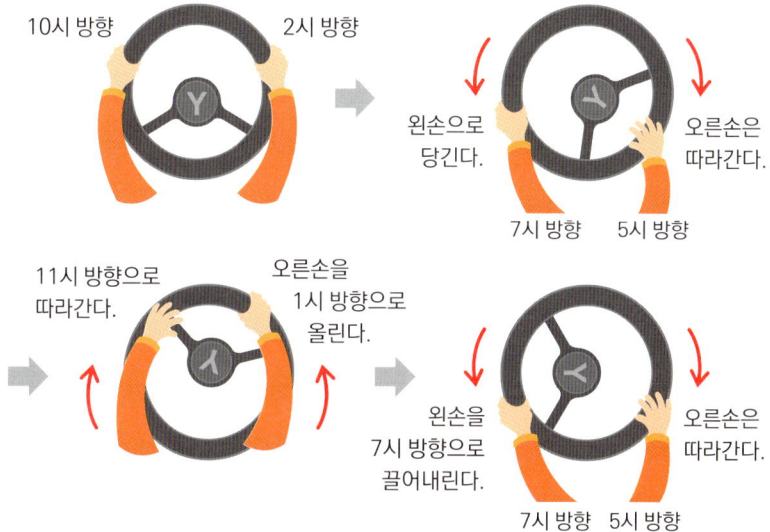

① 한쪽 손이 핸들을 돌리면 다른 손은 풀어준다. 그림에서 보듯이 왼손은 핸들 왼쪽에서만 이동하고 오른손은 오른쪽에서만 위 아래로 이동한다. 양쪽 손을 같이 내리고 올릴 때도 같이 올리는 방법이다. 예를 들어 핸들을 오른쪽으로 돌릴 경우 오른손은 아래로 당기고 왼손은 힘을 뺀 상태에서 같이 내린다.

오른쪽으로 핸들을 돌릴 경우 먼저 왼손을 핸들 위로 올리고 오른손은 힘

초보딱지 떼는 **테크니컬 드라이브**

을 뺀 상태에서 위로 따라 올린다. 이러한 행위를 반복한다. 위와 같이 하면 양쪽 손이 같이 올라가고, 내릴 때도 같이 내려오므로 운전자 어깨가 흔들리지 않아 자세가 흐트러지지 않으며, 핸들 회전력을 1/2로 줄여 여유 있게 운전할 수 있다. 영국에서 핸들링은 오직 항아리 운전법만 인정한다.

② 운전 기초 중 기초로 이 방법만 숙달하면 초보운전자라도 운전의 50%는 습득했다고 볼 수 있는 안전운전 지표이다.

③ 골목 운전 시 안전하게 빠져나가는 기술은 오직 이것밖에 없다고 봐도 무방하다.

2-4. 바깥쪽으로 핸들 감는 법 (감아 돌리기 또는 줄다리기)

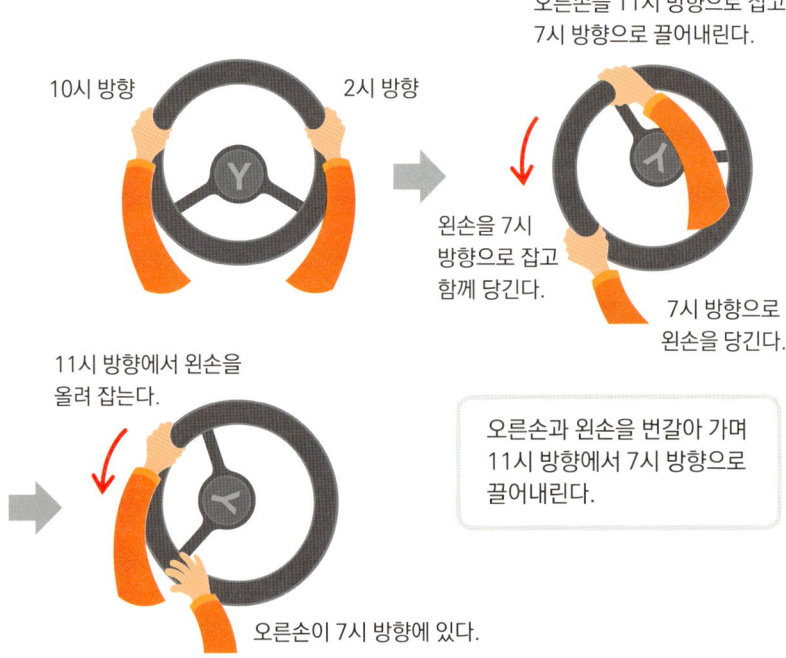

① 큰길, 커브길 등에서 주로 사용하는 핸들링으로 핸들 회전력이 클수록 이

방법을 이용한다.

② 오른쪽으로 돌릴 경우 왼손은 1시 방향에서 출발하여 5시 방향으로 돌린다. 연속 동작으로 반복한다.

③ 왼쪽으로 돌릴 경우 오른손은 11시 방향에서 7시 방향으로 돌린다. 연속 동작으로 반복한다.

④ 오른쪽으로 돌릴 경우 양손을 오른쪽의 1시와 5시 쪽으로 반복하여 잡고 끌어내린다. 왼쪽으로 돌릴 경우 11시에서 7시 쪽으로 양손을 사용하여 끌어내린다.

2-5. 안쪽으로 핸들 감는 법 (줄다리기)

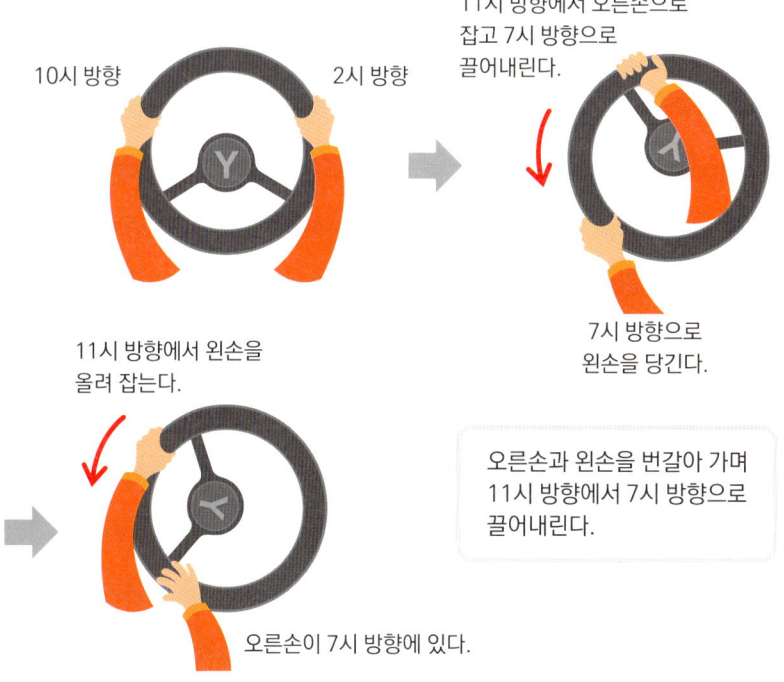

① 2-4와 같은 방법으로 하되 오른쪽으로 돌릴 경우 왼손이 1시 방향의 핸들

안쪽을 잡아 돌리고, 왼쪽 방향으로 돌릴 경우 오른손이 11시 방향의 핸들 안쪽으로 잡아서 돌리면 된다.

② 주로 'U턴'이나 심하게 휘어진 도로에서 유용하게 쓰인다. 핸들 안쪽 원주율이 짧아서 원주율이 긴 핸들 바깥쪽으로 감는 것보다 적게 돌리고도 회전력을 크게 할 수 있는 장점이 있다.

2-6. 복원력을 이용한 핸들 조작(푸는 법)

핸들을 돌리자마자 손의 힘을 살짝 풀면 핸들은 원래 위치로 돌아가는데 이런 복원력은 핸들 조작에 아주 유용하다. 모든 핸들은 크든 작든 돌렸다 힘을 풀면 원래 위치로 돌아간다. 핸들을 어느 시점에서 푸느냐에 따라 운전 유연성을 최대한 높일 수 있다.

2-7. 핸들 잡는 법

① 핸들을 움켜잡지 말 것. 이럴 경우 엄지와 검지가 붙어 핸들링할 때 엄지를 핸들에서 떼지 못해 순간적으로 당황하여 몸이 굳어져 연속적인 핸들링이 불가능하게 된다. 즉 엄지와 검지는 반드시 떨어져 있어야 한다.
② 핸들은 팔과 어깨의 힘을 뺀 상태에서 양쪽 손을 10시와 2시 방향에 얹어 자연스럽게 잡는다.
③ 핸들은 잡아당기는 것보다 밀어 돌린다는 느낌으로 핸들링하는 것이 유연성이 뛰어나다.
④ 핸들은 날계란 쥐듯이 잡는다.

2-8. 솥뚜껑 운전하지 말 것

① 초보운전자는 양손을 같은 방향으로 돌리는데 이렇게 되면 회전력이 급격하게 커져 오버액션이 일어나 사고 가능성이 높아진다(솥뚜껑 핸들링).
② 핸들 회전력이 커지면 자연스럽게 어느 한쪽 어깨를 틀게 되는데 이때 몸이 비틀리면 운전자의 자세가 망가지면서 차선을 이탈할 수 있다.
③ 따라서 솥뚜껑 운전을 미연에 방지하려면 가급적 핸들은 중간 위쪽을 잡고 적극적으로 항아리 운전법을 사용해야 한다. 만약 핸들 밑부분을 잡을 경우 핸들 회전력이 약해져 운전자가 몸을 비틀게 된다.

Tip
① 철저하게 항아리 운전을 하라.
② 핸들 복원력을 활용하라.
③ 엄지를 펴고 몸의 힘을 뺀 상태에서 날계란 쥐듯이 핸들을 잡아라.

3. 사이드 미러의 원근법

3-1. 위치 조정법

① 위·아래를 조정할 때 지평선은 사이드 미러 중앙에 있어야 한다. 이렇게 해야 후방 물체가 최대한 많이 보인다.
② 사이드 미러에서 보았을 때 운전자 차량이 1/5~1/6 정도 보일 수 있도록 좌·우를 조정하는 것이 좋다. 이는 운전자 차량 후미 부분이 적게 보이므로 진입각이 적어 사각지대가 최소화되기 때문이다.

3-2. 원근법

1) 운전자 후방에 있는 차량 구별법

직선 도로에서 볼 때 흰 차선 안쪽으로 보이며 뒤쪽 차량은 운전자 차량에 가려져 일부만 보인다.

그러나 경사가 심한 도로에서는 운전자 뒤쪽 차량이나 또는 옆 차 어느 한쪽 차량은 보이지 않게 된다. 즉, 운전자 차량과 옆 차선 차량과의 진입각이 커져 사각지대가 커졌기 때문에 운전자가 몸을 앞쪽으로 당겨 사이드 미러를 보아야 옆 차선 차량이 보인다.

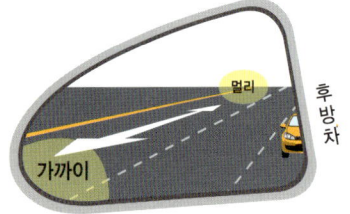 

2) 옆 차선 차량

흰 차선 바깥쪽은 옆 차선 차량이며 옆 차선 중 사이드 미러상 안쪽이나 위쪽으로 보일수록 멀리 떨어진 차량으로 점점 작게 보이며, 바깥쪽이나 아래쪽으로 보일수록 옆 차량이 가까워지는 것으로 점점 크게 보인다는 것을 알 수 있다.

3-3. 사각지대 보는 법

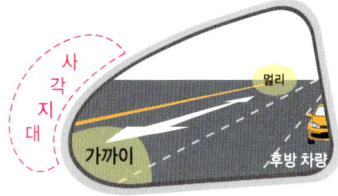 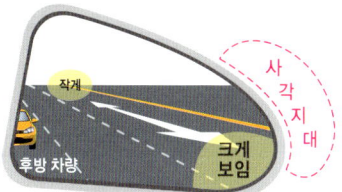

① 위 그림에서 보듯이 사각지대에 있는 차량은 보통 운전자세에서는 보이지 않는데 운전자가 몸을 앞쪽으로 당겨 사이드 미러를 보면 보이지 않던 물체가 보인다. 이것이 사각지대에 놓인 물체를 확인하는 방법이다.
② 사각지대에 있는 차량은 운전자 옆 차선에 있으며 운전자 차량 뒤 트렁크 옆에 붙어 있는 경우이므로 차선 변경 시 조심하지 않으면 큰 사고를 유발할 수 있다.
③ 사각지대를 볼 때 얼굴을 사이드 미러 쪽으로 갖다 대면 운전자 얼굴만 거울에 비치게 된다. 따라서 몸을 앞쪽으로 충분히 기울인 상태에서 얼굴만 돌려 거울을 보아야 사각지대가 보인다.
④ 외국에서는 차선 변경 시 사각지대를 방지하고자 숄더체크(Shoulder Check)가 보편화되어 있다.

3-4. 사이드 미러 보는 법

① 사이드 미러로 옆 차량을 확인하려면 시간이 많이 걸려 바람직하지 않다. 사이드 미러로 옆 차도를 살짝 본 후 앞을 보고, 또 옆 차도를 살짝 보고 앞을 보는 행위를 반복해야 차선 이탈을 막을 수 있고 앞차와 안전거리도 유지할 수 있다.
② 초보운전자의 경우 사이드 미러를 오래 보면서 운전하면 몸에 힘을 주게 되어 차량이 반대편으로 주행하거나 앞차와 추돌할 수 있다.

Tip

① 사이드 미러는 최대한 자신의 차량이 작게 보이도록 조정한다.
② 원근법 : 사이드 미러에서 위쪽과 안쪽은 멀리, 아래쪽과 바깥쪽은 가까이 있다.
③ 차선 구분법 : 사이드 미러에서 차선 안쪽은 같은 차선, 바깥 차선은 옆 차선이다.
④ 운전자는 사각지대를 볼 때 몸을 앞으로 당겨서 본다.

4. 속도와 각도 관계(페달과 핸들)

4-1. 속도가 빠른 경우

① 속도가 빠를수록 운전자는 시선을 멀리, 넓게 두어야 한다. 왜냐하면 속도가 빠를수록 위험요소는 더 빨리 다가올 수 있기 때문이다.
② 핸들링 각도는 속도에 비례하여 크게 벌어지므로 목표점을 멀리 두어야 운전자의 생각보다 적게 틀어진다.
③ 앞차와의 차간 거리(안전거리)는 속도에 비례하여 멀리 떨어져야 안전하다. 왜냐하면 속도에 비례하여 제동 거리가 길어지기 때문에 충분한 제동 거리를 확보해야 한다. 대표적으로 고속도로 주행이 여기에 속한다.
④ 주요 조작법으로는 간격을 길고 강하게 가속 페달을 업다운하며 감속 페달로는 더블 브레이크 등이 있다.

Tip

① 시선은 멀리, 넓게 둔다. 앞차 후미와 주변을 ∨형으로 본다.
② 차간 거리는 멀리 두고 핸들은 적게 튼다.
③ 페달은 길고 세게 업다운한다.

4-2. 속도가 느린 경우

① 속도가 느릴수록 시선은 전방 가까이 좁게 두어야 한다. 이는 장애물 또는 위험요소가 가까이 있을 경우 신속히 대처하기 위함이다. 대표적으로 골목 주행, 차량 정체 시, 심한 커브길 등이 여기에 속한다.
② 가장 가까운 안전거리는 신호 대기 중일 때다. 이때는 모든 차들이 정지해 있으므로 앞차와의 안전거리도 가장 가깝다. 다시 속도를 내면 속도에 비례하여 앞차와의 안전거리도 충분히 확보한다.
③ 생각보다 더 많이 핸들링해야 한다. 속도가 느리다는 것은 그만큼 위험요소가 가까이 있음을 의미하기 때문이다. 특히 초보운전자는 핸들을 적게 틀려는 경향이 있는데 상대 차량이 비켜줄 것이라고 자기 나름대로 생각하기 때문이다. 즉, 미리 판단하여 예측운전하는 것인데 잘못된 생각이며 사물을 있는 그대로 인지하여 행동하는 것이 바람직하다. 또한 사전 위험요소를 인지하여 예방하는 것이 곧 안전운전이다.
④ 운전 기술이라 할 수 있는 주요 조작방법으로 4가지 핸들링법이 있는데 이 중 항아리 핸들링법이 가장 중요하고 유용하게 쓰인다.
⑤ 페달의 업다운 간격을 짧고 약하게 하여 돌발상황에서 위험 대처능력을 배가시킨다.

Tip

① **시선은 가까이 좁게 본다. 앞차 뒷바퀴 부분을 ∧형으로 본다.**
② **차간 거리는 가까이 두고 핸들은 많이 튼다.**
③ **페달은 짧고 약하게 업다운한다.**

5. 속도와 진입각의 특성

5-1. 방향(각도) 우선 법칙

① 일반적으로 한 박자 먼저 핸들 방향을 설정한 상태에서 가속해야 운전자가 의도한 방향으로 갈 수 있다. 즉, 핸들을 돌린 다음 가속 페달을 밟으라는 뜻이다(원심력 최소화).
② 특히 주차장에서 자주 일어나는 현상인데 앞바퀴가 틀어진 상태에서 가속 페달을 밟으면서 동시에 핸들링하면 옆 차량이나 벽에 부딪칠 수 있다.

① 액셀을 밟은 후 핸들을 돌렸을 때 : 그림과 같이 회전력(원심력)이 발생하여 운전자의 몸이 휘어져 균형을 잃는다.

② 핸들을 돌린 후 액셀을 밟았을 때 : 그림과 같이 회전력(원심력)이 없으므로 운전자의 자세가 균형을 유지한다.

5-2. 주행 각도 최소화

① 속도가 빠르거나 커브가 심할수록 원심력이 급속히 증가하므로 도로 안쪽으로 최대한 붙어 주행해야 한다. 속도가 느리거나 커브가 완만해서 원심력이 약할 때는 도로 안쪽으로 적게 붙여 주행해도 무방하다. 원심력은 물체가 원 운동할 때 회전력에 반대하여 바깥쪽으로 작용하는 힘이다.
② 위의 사항이 여의치 않을 때는 속도를 줄여 원심력을 최소화한 상태에서 주행해야 차선을 이탈하지 않는다.

제2장 · 초보운전자를 위한 주행의 모든 것

〈주행 각도 최소화 예〉

① : 직선 도로에서 주행법으로 곡선 도로에서는 원심력이 발생하여 운전자의 몸이 한쪽으로 쏠린다.

② : 꺾어진 도로 안쪽으로 주행하여 전체적으로 직선에 가까운 주행법이다. 운전자의 자세가 안정적인 가장 이상적인 주행법이다.

③ : 도로 바깥쪽으로 붙여 주행하므로 원심력이 커져 운전자의 몸이 한쪽으로 쏠리면서 차량이 차선을 이탈할 위험이 있다.

Tip
① 핸들로 방향(각도)을 잡은 후 페달을 조작한다.
② 꺾인 도로에서는 회전하는 안쪽으로 붙여 주행한다.

5-3. 속도는 상대적이다

① 속도는 기본적으로 상대성을 가지고 있다. 어느 한쪽이 움직이면 다른 한쪽도 그에 따라 움직여야 한다. 앞차가 움직이면 운전자도 그에 따라 움직이는 것이 좋다.
② 주행 중 차량들의 속도와 각도는 항상 변한다. 움직이는 물체이므로 차량과 차량 사이가 붙었다, 떨어졌다, 좁아졌다, 넓어졌다를 반복한다. 따라서 모든 상황을 상대적 개념으로 생각해야 한다. 즉 **흐름을 따르라**는 말인데 거리 측정이 불가능하므로 운전자의 감각에 의존해야 한다.

초보딱지 떼는 테크니컬 드라이브

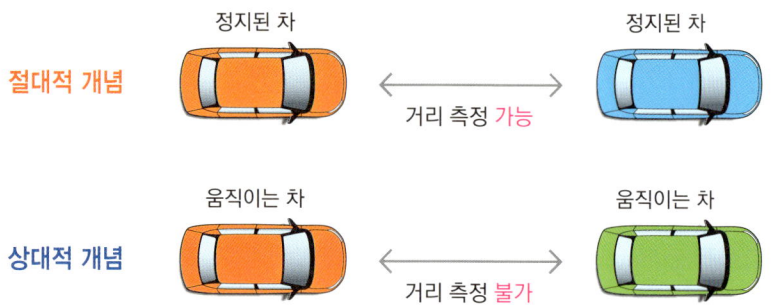

절대적 개념	앞차와 뒤차 모두 정지되어 있기 때문에 거리 측정이 가능하다. 초보운전자는 절대적 개념으로 운전하기 쉽다.
상대적 개념	차는 움직이는 물체다. 달릴 때는 앞차나 옆 차와의 거리 측정이 불가능하다. 서로 상대적이기 때문이다.

Tip

① 운전은 흐름을 타야 한다.
② 운전은 앞차와 안전거리(간격) 유지, 옆 차와 평행을 유지하는 것이다.

5-4. 상대적 속도 차이에 의한 착시현상

① 속도 차이가 클수록, 시야가 좁을수록 착시현상이 심하다. 특히 야간에 어느 한쪽을 집중적으로 오래 보았을 때 시야가 좁아진다.
② 착시현상을 피하려면 넓게 보고 좁게 보기를 반복하거나 다른 곳을 보았다 앞을 보는 것을 자주 반복해야 한다.
③ 옆 차와 같은 속도(등속)일 때는 속도 차이가 0이므로 옆 차량이 정지한 것처럼 보인다.

제2장 · 초보운전자를 위한 주행의 모든 것

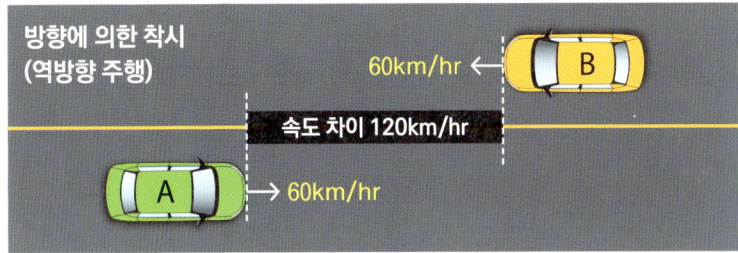

- A와 B의 속도 차이는 120km/hr이므로 B가 A를 보면 A가 B에 부딪치는 느낌을 받을 것이다. 이것이 착시현상이다. 이때 반대편 차량의 앞바퀴를 보자마자 옆에 있는 차선을 보면 착시가 없어진다. 즉, 주행 법칙 중 넓게 보고 좁게 보고의 시선 처리법을 이용한 것이다.

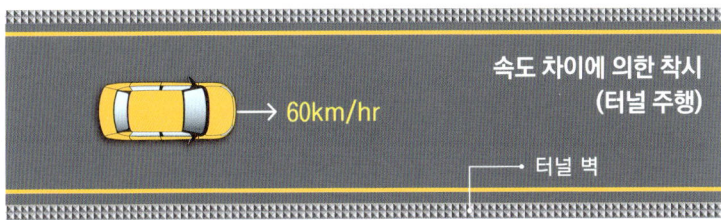

- 터널을 지날 때 벽을 보면 빨려 들어가는 느낌을 받을 수 있다. 터널 벽을 보자마자 도로의 차선을 보면 착시현상이 없어진다.

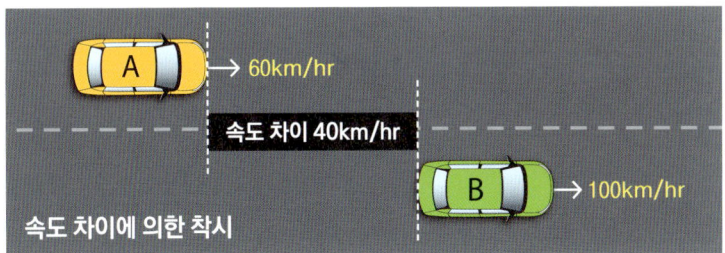

- A와 B의 속도 차이는 40이므로 A가 B를 보면 40만큼 B가 A쪽으로 차선을 넘어오는 것처럼 보일 것이다. 이때도 마찬가지로 A는 B를 보자마자 B의 앞바퀴 쪽과 차선을 같이 보면 착시현상이 없어진다.

- 속도의 상대성 : 속도는 상대적이기 때문에 쌍방 간 속도 차이에 의해 속도감을 느낄 수 있는데 옆 차와 속도 차이가 40이라면 그만큼 속도감을 느끼게 된다. 그러나 속도감을 느끼지 못하는 경우도 있다. 예를 들어 옆 차와 속도가 같다면 속도 차이는 0이므로 운전자는 전혀 속도감을 느끼지 못한다. 따라서 운전자는 수시로 속도계를 보며 운전해야 한다.

5-5. 대형 차량에 대한 착시

① 큰 차는 ① 방향으로 진입할 수 없다. 큰 차 후미가 진입하지 않은 상태이기 때문이다. 단, 길게 진입해야 차선을 변경할 수 있다.
② 따라서 큰 차는 ② 방향으로 진입하여 후미를 차선 안쪽으로 끌어들인다.
③ 이때 옆의 큰 차가 자신의 차선 쪽으로 오는 줄 알고 급정거하는데 이런 돌

발상황이 발생하면 뒤차와 추돌할 우려가 있어 위험하다. 이는 옆 차의 큰 차체를 보기 때문이다. 큰 차의 차체를 보지 말고 큰 차의 앞바퀴를 보고 큰 차가 어느 방향으로 움직이는지 확인하고 주행을 결정한다.

④ 큰 차가 차선 변경을 시도하며 앞머리를 들이밀면 즉시 서행하여 큰 차가 후미까지 완전히 진입한 것을 확인하고 뒤를 따르는 것이 안전하다. 그렇지 않고 앞쪽 공간이 넓다고 들이밀면 큰 차 후미가 내 차 앞 오른쪽과 추돌할 수 있다.

⑤ 위험요소까지는 큰 차의 앞바퀴 방향을 보고 차선을 보며 서행하되 위험요소를 벗어나는 순간 정상주행한다. 보통 초보자는 큰 차를 빨리 피할 목적으로 위험요소를 회피하지 않고 과속하는데 잘못된 판단이다.

Tip 지속적으로 멀리 보고 가까이 보고, 전방의 신호 보고 앞차 후미 보고, 넓게 보고 좁게 보고, 옆 차 앞바퀴 보고 차선 보기를 반복해야 착시가 없어진다.

6. 안전거리란?

안전 시거리(Sight distance)라고도 하며 편한 마음으로 운전할 수 있도록 충분히 멀리 볼 수 있는 상태 또는 굽은 길, 고개에서 양쪽에서 오는 차가 서로를 발견할 수 있는 거리를 말한다.

6-1. 상대적 개념의 안전거리

① 위급상황이 발생하여 갑자기 감속 페달을 밟을 경우 앞차와 추돌하지 않을 정도의 거리이다. '제동 거리'라고도 하며 속도에 비례한다. 제동 거리는 속도가 빠르면 길고 느리면 짧다.

② 도로의 모든 차량은 움직인다. 따라서 시시각각 유기적으로 변화가 이루어지므로 차간 거리 측정이 불가능할 수 있다. 상대의 움직임에 따라 운전도

초보딱지 떼는 **테크니컬 드라이브**

능동적, 유기적으로 대처해야 최소한의 안전을 확보할 수 있다. 이를 간단히 표현하면 '주변의 흐름을 따른다'는 뜻이다.

6-2. 어디서부터 감속 페달을 밟아야 할까?

① 속도가 빠를수록 앞차와 거리를 멀리 두고 감속 페달을 밟는다. 반복적으로 감속 페달을 약하게 밟다 좀 더 강하게 밟고, 강하게 밟다 약하게 밟는다 (여러 번 나누어 밟는다). 주행 중에는 운전자의 발이 가속 페달 위에 있는 상태에서 감속 페달을 강하고 길게 업다운하는 것이 요령이다.

또한 속도가 느릴 경우 앞차와 거리를 가까이 두고 감속 페달을 밟아야 한다. 주행 중에는 운전자의 발이 감속 페달 위에 있는 상태에서 감속 페달을 약하고 짧게 업다운하는 것이 요령이다.

② 시내에서 주행할 때 일반적으로 앞차의 5~10m 후방에서 제동하는 것이 좋다. 차량의 관성이 남아 있기 때문에 감속 페달을 밟은 후에도 2~3m 더 전진하기 때문이다. 그래야 앞차와 3~4m 정도 떨어진 거리에서 정지할 수 있다.

③ 일반적으로 속도가 빠를수록 감속 페달은 강하게 밟고 서서히 떼고 속도가 느릴수록 약하고 짧게 밟고 서서히 뗀다.

④ 돌발상황에서는 최대한 신속하게 감속 페달을 밟는다.

6-3. 안전거리는 어느 정도 거리일까?

1) 안전거리는 상대적 개념이다

안전거리는 속도와 상대적이라고 생각해야 한다. 처음 운전하는 사람은 모든 사물을 절대적으로 생각하는데 이렇게 되면 운전 실력이 향상되지 않는다.

절대적이란 모든 사물이 정지되어 있다고 보고 취하는 행동이다. 그러나 운전은 움직이는 물체를 다루는 행위이므로 절대적 개념이 아니라 상대적 개념으로 접근해야 한다. '안전거리'는 '체감 거리'라고도 할 수 있는데 고수는 앞차와 거리가 가깝더라도 안전하다고 느낄 수 있지만, 하수는 앞차와 거리가 멀어야 안전하다고 느낄 수 있기 때문이다.

2) 상대적 개념의 안전거리

모든 차량이 주행 중일 때 속도는 상대적이다. 따라서 절대적 개념의 안전거리 측정은 불가능하다. 왜냐하면 속도 차이가 있어 차량들 위치가 시시각각 변하기 때문이다.

제한속도 100km/hr인 고속도로에서 앞차와의 안전거리를 100m 유지하라는 표지판을 자주 볼 수 있는데 앞차가 정차했을 경우, 100m 후방에서 감속 페달을 힘껏 밟아야 앞차와 추돌하지 않는 안전거리이기 때문이다.

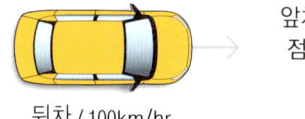
뒤차 / 100km/hr

앞차와의 거리가
점점 좁혀진다.

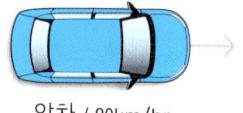
앞차 / 80km/hr

위 그림과 같은 경우 안전거리를 측정할 수 없다. 모두 주행 중이기 때문이다. 그러나 이것은 어디까지나 숫자일 따름이고 숙련자는 앞차와 가까워질 수도 있고, 초보일 경우는 그보다 더 떨어질 수도 있다. 따라서 감속 페달을 밟았을 때 앞차와 추돌하지 않는 거리는 운전자마다 다르게 느낄 수 있다. 즉, 운전자 스스로 느끼는 체감 거리가 안전거리이다.

3) 절대적 개념의 안전거리

아래와 같은 상태에서는 안전거리를 측정할 수 있다. 앞차는 정지 상태이므로 절대적 개념이고, 뒤차는 시속 100km 속도이므로 상대적 개념이다. 따라서 앞차는 절대적으로 거리 측정이 가능한데 이럴 경우 안전거리는 100m이다.

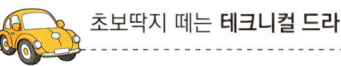

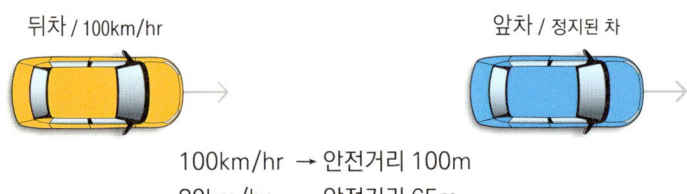

100km/hr	→ 안전거리 100m
80km/hr	→ 안전거리 65m
60km/hr	→ 안전거리 45m

좌변과 우변의 수치가 같지 않은 것은 좌측 속도가 가속도이기 때문이다. 여기서 시속 100km 이상일 경우 속도와 안전거리는 같아진다. 시속 120km일 경우 안전거리도 120m이다.

단, 시속 100km 이하일 경우 속도에서 15를 뺀 수치가 안전거리이다. 시속 80km일 경우 15를 뺀 65m가 안전거리인 셈이다.

6-4. 차선 변경 시 가장 이상적인 속도 차이는?

상대 차량과 가장 이상적인 속도 차이는 20km이다. 이때 가장 안전하게 차선을 변경할 수 있다. 따라서 차량의 제한속도를 60 · 80 · 100km/hr 등으로 구분한다.

Tip
① 앞차의 뒤를 따를 때 앞차가 갑자기 정지하는 경우, 앞차와 충돌을 피할 수 있는 필요한 거리를 확보해야 한다.
② 진로를 변경하고자 할 경우 변경하려는 방향에서 오는 다른 차의 정상적인 통행에 장애를 줄 우려가 있을 때에는 진로를 변경해서는 안 된다.
③ 위험 방지를 위한 경우와 그 밖의 부득이한 사유가 아니면 갑자기 정지하거나 속도를 줄이는 등의 급제동을 해서는 안 된다.
④ 안전거리는 운전자의 체감 거리이다.

15 중앙선과 실선·점선

초보운전자가 도로 어느 한쪽으로 치우쳐 운전하는 것을 자주 보는데 정중앙으로 가고자 할 때 운전자는 시선을 멀리 두고 몸은 도로 중앙에 위치하면 된다. 또는 운전자의 코(nose in)가 도로 중앙에 위치하도록 한다.

1. 중앙선의 의미

① 중앙선은 실선과 점선 두 종류가 있다. 실선은 차선 변경 금지를 뜻하며, 점선은 차선 변경이 가능하다는 뜻이다.
② 점선 중 필요에 따라 차량 진행 방향이 바뀌는 가변차선이 있는데 차선마다 X 표 또는 ↑ 표시 신호등이 설치되어 있어 신호를 따르면 된다.

2. 실선과 점선

① 실선 : 차선 변경 금지/점선 : 차선 변경 허용
② 실선은 주로 교차로 앞, 횡단보도 앞, 터널, 다리, 커브가 심한 곳에 있다.

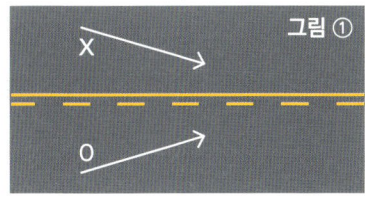

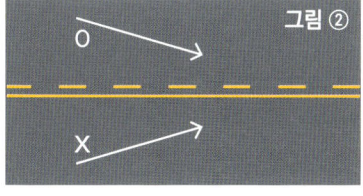

그림 ① : 실선 왼쪽에서 점선인 오른쪽으로 넘어올 수 없지만 오른쪽에서는 왼쪽 실선 쪽으로 넘어갈 수 있다.

그림 ② : 점선 왼쪽에서는 오른쪽 실선 쪽으로 넘어갈 수 있지만 오른쪽 실선에서는 왼쪽 점선 쪽으로 넘어갈 수 없다.

〈도로 가장자리 차선 종류와 의미〉
① 황색 실선 : 주·정차 금지. 다만 시간대에 따라 다를 수 있다.
② 황색 실선 2개 : 주·정차 절대 금지
③ 황색 점선 : 주차 금지. 정차 허용(5분간)
④ 흰색 실선 : 주·정차 가능

CHAPTER 3

끼어들기
고수되는 비법

16   차선 변경이란?

차선 변경은 운전자가 가고자 하는 방향으로 안전하게 차선을 바꾸어 주행하는 행위이다. 차로 변경이라고도 한다. 주행이 소극적 방어운전이라면 차선 변경은 적극적 방어운전이라고 할 수 있다.

앞서 말했듯이 주행의 기본 개념은 옆 차와 '평행'을 유지하면서 앞으로 달리는 것이다. 그러나 평행으로 주행하면서 차선을 변경할 수 없다. 따라서 차선을 변경할 때는 '평행 근사치'로 주행하는 것이 최선의 방법이다. 수단으로는 '진입각 최소화'와 '진입 거리 최대화'라고 할 수 있다 .

1. 차선 변경 기본 요령

1-1. 안전거리 유지

차선 변경 시 속도를 조절하여 앞차와의 안전거리를 여유 있게 두어야 진입할 때 진입각이 최소화되고 사각지대도 최소화되어 주위 환경을 살필 수 있는 시간적 여유를 가질 수 있다. 또한 앞차나 옆 차와 추돌을 사전에 예방할 수 있어 여유 있게 차선을 변경할 수 있다.

1-2. 속도 차이를 크게 하라

초보운전자는 차선을 변경할 때 옆 차량이 멀리 있는지 가까이 있는지만 확인하려는 경향이 있는데 옳지 않다. 거리를 따져야 하지만 속도가 빠르냐 늦느냐도 따져야 하기 때문이다.

제3장 · 끼어들기 고수되는 비법

옆 차와 적어도 시속 20km 이상 속도 차가 났을 때 안전하게 차선을 변경할 수 있다.

1-3. 상대적 개념으로 사물을 보라

상대 차가 움직이면 운전자 차량도 같이 움직이라는 뜻으로 차량의 '흐름'을 읽으라는 의미이다. 고속도로 추월선에서 어떤 차량이 시속 50km로 주행한다고 해도 법을 위반한 것이 아니다. 그러나 뒤쪽 차량 흐름은 엉망이 될 것은 자명하다. 그 차량은 절대적 사고로 운전하는 것으로 대단히 위험하다.

1-4. 진입 거리 최대화

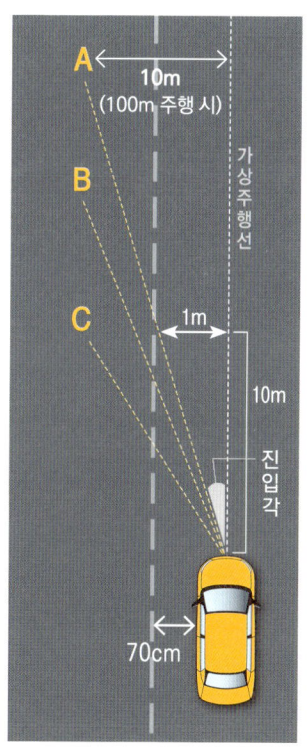

그림의 A처럼 10m 주행 시 차로와 1m 벗어난다면 100m 주행했을 때는 진입각이 작더라도 10m 벗어날 수 있다.

그림에서 3가지 형태 중 A의 진입 거리가 가장 길어 평행에 가까움을 알 수 있다. 진입각은 거리가 길수록 작아지지만 간격의 폭은 점점 벌어지는 형태가 된다. 차의 진행 각도는 진입 거리에 반비례하기 때문이다. 즉 진입 거리가 길수록 진입각은 작아진다.

요약하면 핸들을 최소한으로 틀고(약 1~3도) 진입 거리(약 20~30m)를 최대한 길게 가져가며 70cm 옆으로 이동하면서 진입하는 것이 가장 안전하다. 70cm 옆으로 이동하면서 진입하면 진입각이 작아짐을 알 수 있다.

1-5. 진입각 최소화

옆 그림처럼 제한속도 60km/hr 도로에서 차와 차 사이는 140cm가량 간격을 두는데 이 상태에서는 차선 변경이 어렵다. B와 같이 차선에 바짝 붙여 진입각을 최소화하는 것이 사각지대를 없애는 방법이다.

주행은 평행이지만 차선 변경은 평행 근사치 주행이라 할 수 있으며 이를 만족하기 위해서는 첫째 진입각 최소화, 둘째 진입 거리를 최대화해야 한다.

참고로 진입각과 사각은 엇각으로 같으므로 진입각이 최소화되면 사각도 최소화된다 (사각 = 진입각).

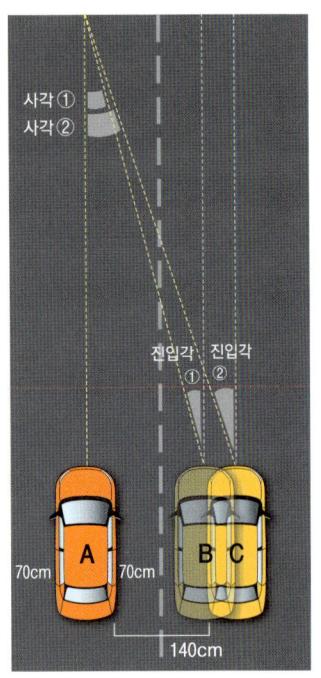

1-6. 다른 차량 파악하기

① 룸미러(후사경), 사이드 미러, 실측 등을 통하여 상대 차량 위치를 파악한다. 룸미러는 후방 전체 흐름을 파악하는 것이고, 사이드 미러는 옆 차선 차량을 세부적으로 파악하는 것이다. 즉 룸미러는 숲을 보는 것이고, 사이드 미러는 나뭇가지를 보는 것이다.

② 어느 한 곳을 집중적으로 오랫동안 확인하면 차량 전체 흐름을 놓칠 수 있다. 세부적으로 확인하되 전체를 놓치지 않으려면 짧게 여러 번 반복하여 확인하는 것이 좋다. 이를테면 룸미러 보고, 사이드 미러 보고를 여러 번 반복하든지 앞을 보고 사이드 미러 보고를 반복하면 전체 상황과 국지 상황을 동시에 확인할 수 있다.

1-7. 속도 확인

옆 차가 내 차보다 더 빠른지 느린지 아니면 같은 속도인지 파악한다. 옆 차가 더 빠르면 뒤따르기 차선 변경이고, 내 차보다 느리거나 비슷한 속도이면 앞지르기하여 차선을 변경한다.

차량이 많고 속도가 느린 시내에서는 속도 차이에 의한 뒤따르기 차선 변경이 편리하다.

1-8. 거리 확인

상대 차량이 멀리 있을 때는 속도와 상관없이 앞지르기 차선 변경을 한다. 보통 차량이 적고 속도가 빠른 고속도로에서는 앞지르기 차선 변경이 수월하다.

Tip
① **안전거리를 유지하라.**
② **속도 차이를 크게 하라.**
③ **진입 거리를 최대한 길게 잡아라.**
④ **진입각을 최소화하라.**

17 차선 변경 원리

1. 첫 번째 방법

옆 그림에서 이상적인 차선 변경 위치는 B이다. 이유는 B의 진입각이 더 작기 때문이다(진입각=사각). 진입각을 작게 하면 옆 차와 평행 근사치를 유지할 수 있으며 사각지대를 최소화하고 옆 차량 주행 상태를 파악하여 위험요소를 최소화할 수 있는 장점이 있다.

A가 목표지점인 ⊙ 쪽으로 진입 시 진입각이 커진 상태로 운전자가 사이드 미러로 옆 차선 차량을 볼 수는 있지만 방향을 바꿔 목표지점으로 진입하며 사이드 미러로 옆 차량을 확인할 때는 보이지 않는다. 진입각이 커지면서 사각지대도 커졌기 때문이다.

A'는 상대적으로 사각지대에 놓이게 되며 A가 보이지 않게 되고 방어운전할 수 있는 시간적 여유가 없으며 따라서 피할 방법이 없으므로 사고 발생 원인이 된다.

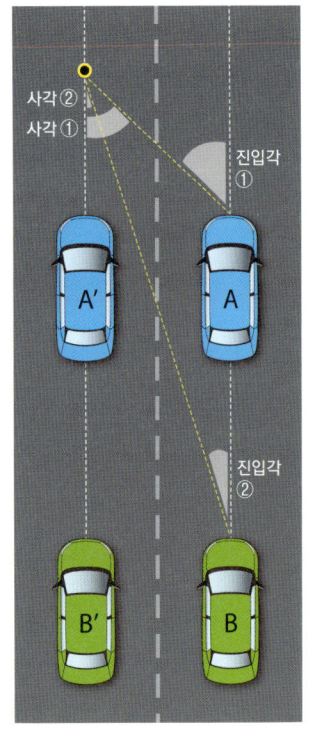

B가 목표지점인 ⊙ 쪽으로 진입 시 진입각이 A보다 작아 진입 동선이 길어져 충분히 시간적 여유를 갖고 사이드 미러를 통하여 옆 차선 차량을 확인할 수 있다. 진입각이 최소화되어 사각지대가 거의 없기 때문이다.

B' 차량은 목표점 ⊙과도 거리가 충분히 유지됨으로 시간적 여유가 있어 방어

제3장 · 끼어들기 고수되는 비법

운전할 수 있는 여력이 생겨 안전운전을 할 수 있다.

Tip

1. 앞차와 충분한 안전거리를 유지한다.
① 앞차와의 추돌을 미연에 방지할 수 있다.
② 사이드 미러를 통하여 옆 차선 차량 상태를 확인할 수 있는 시간적 여유가 있다.
③ 차선 변경 시 진입각을 최소화하기 위한 예비동작이다.

2. 차선 변경 동선을 길게 가져간다(진입 거리 최대화).
① 진입각을 최소화하여 사각지대를 적게 만든다.
② 사이드 미러를 통하여 옆 차선 차량 움직임을 충분히 관찰할 수 있다.
③ 방어운전할 수 있는 시간적 여유가 있다.

3. 운전대는 미세하게 튼다(진입각 최소화).
운전대는 급하게 틀지 말고 서서히 튼다. 이때 가속하면서 핸들을 틀지 말고 가려는 방향으로 핸들을 틀어놓고 가속해야 회전력이 발생하지 않는다. 항상 방향 우선 법칙이 적용되어야 한다.

2. 두 번째 방법

2-1. A의 경우

가장 이상적인 차선 변경이다. 왼쪽 사이드 미러로 옆 차선을 보면 D만 보이고 운전자 뒤편에 있는 E는 보이지 않는다. A 차량이 차선 변경 예비 동작을 취하여 차선 왼쪽에 바짝 붙어 있어 운전자 차량 뒷부분에 가려진 E를 볼 수 없기 때문이다.
꼭 E를 보고자 한다면 오른쪽 사이드 미러를 통해 볼 수 있지만 이미 A가 왼쪽으로 붙은 상태이기 때문에 굳이 E를 볼 필요는 없다. 그러나 E도 차선을 변경하고자 A 뒤쪽, 즉 왼쪽 차선으로 붙는다면 사이드 미러를 통해 E가 전체적으로는 보이지 않고 일부만 보일 것이다.

단, 커브길에서는 E가 보일 수 있고 D는 보이지 않을 수도 있다. 이때 운전자가 몸을 앞으로 당겨 사이드 미러를 보았을 때 사각지대에 숨은 D를 확인할 수 있다.

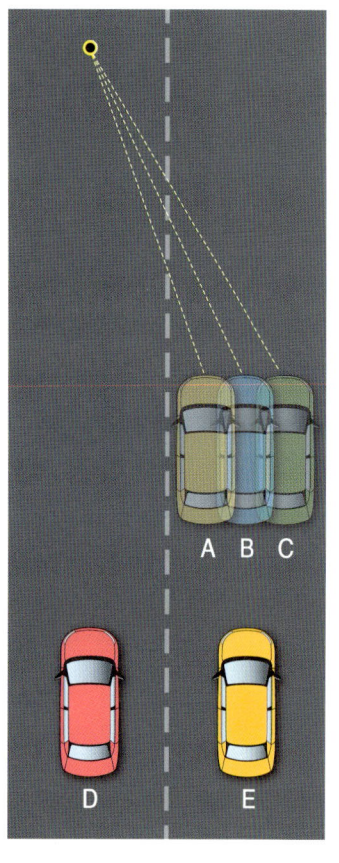

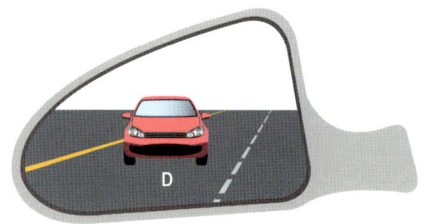

Tip 차선 변경 핵심은 진입하려는 차선에 내 차를 바짝 붙이는 것이다(진입각 잡기).

2-2. B의 경우

어느 정도 핸들을 돌려야 차선을 변경할 수 있으며 사각지대가 커 상대 차량을 제대로 확인하지 못할 수 있다. 또한 상대 차량도 운전자가 차선을 변경하려는지 인지하지 못할 수 있어 위험한 상황이 발생할 수 있다. 어느 정도 위험을 감수하고 차선 변경을 시도하는 경우라 바람직하지 않다.

B의 위치에서 사이드 미러를 볼 때 D와 E 차량이 같이 보인다. 옆 차선 차량인 D의 위치는 사이드 미러 바깥쪽에 놓이고 전체가 보이며, 운전자 후미 쪽 차

제3장 · 끼어들기 고수되는 비법

량인 E는 사이드 미러 안쪽에 위치하며 일부만 보인다. 이때 초보운전자는 D와 E 차량이 같이 보이기 때문에 혼란스러워 정확한 위치 파악에 어려움을 겪게 된다.

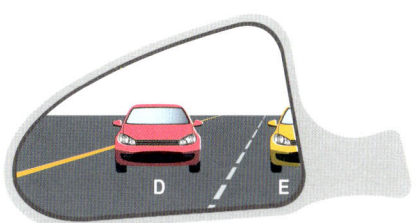

B에서 목표지점으로 방향을 틀 때 차량 진입각이 커지므로 사각지대가 발생하여 D가 보이지 않을 수 있다. 즉 진입각이 커지면서 사각지대도 커져 불리하다. 이때 초보운전자들은 E를 보고 놀라서 급정거하는 경우가 종종 있는데 아주 위험하다.

2-3. C의 경우

상대 차량이 사이드 미러에서 벗어나 볼 수 없어 차선 변경 원리인 평행 근사치 주행에 역행하므로 이때는 차선을 변경하면 안 된다. 운전

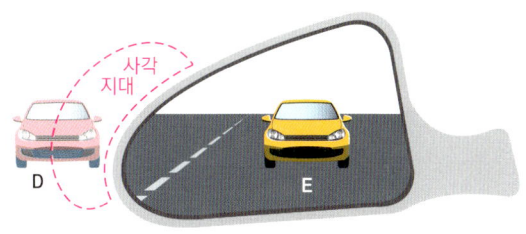

자가 사이드 미러를 통하여 볼 때 그림과 같이 차량이 보이며 최악의 상황이다.

D가 사이드 미러에서 벗어난 상황이므로 운전자에게 D는 보이지 않으며 진입각과 사각이 최대로 커져 사실상 차선 변경이 불가능하다고 보아야 한다.

Tip 가장 안전한 차선 변경은 옆 차와 평행 근사치로 주행하며 차선을 변경하는 것이다.

초보딱지 떼는 **테크니컬 드라이브**

18 사이드 미러 이해

1. 좌·우 보기

우측 차선으로 차선을 변경하고자 할 때 차를 우측 차선으로 붙이므로 운전자 후미 쪽에 있는 차량은 사이드 미러에 나타나지 않게 된다(단, 커브길 제외). 따라서 사이드 미러에 나타나는 차량은 무조건 옆 차선 차량으로 보면 된다.

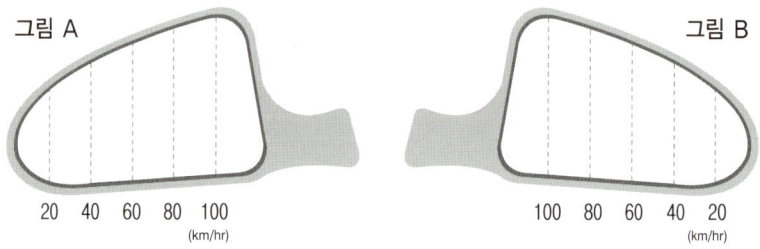

〈그림 B〉에서 보듯이 운전자의 차량 속도를 기준으로 옆 차선 차량이 왼쪽에 있으면 운전자보다 멀리 있기 때문에 앞지르기, 오른쪽에 있으면 가까이 있기 때문에 뒤따르기한다. 즉, 상대차가 미러 안쪽에 나타나면 멀리 있고, 양쪽 끝에 나타나면 가까이 있다는 의미이다.

예를 들어 〈그림 B〉에서 운전자의 속도가 60km일 경우 상대방 차량이 60선 왼쪽에 있을 때는 앞지르기, 오른쪽에 있을 때는 차선을 변경하지 않거나 뒤따르기한다. 이것을 볼 때 운전자 차량 속도에 따라 앞지르기와 뒤따르기 기준점이 다르다는 것을 알 수 있다. 그러나 이론상으로는 위의 설정이 맞지만 실제 도로에서 짧은 시간에 운전자가 판단하기는 쉽지 않다.

2. 위·아래 보기

운전자가 사이드 미러를 볼 때 옆 차선 차가 위쪽으로 올라갈수록 거리가 멀리 있고 아래로 내려올수록 가까이 있는 것이다. 운전자 속도를 기준으로 위쪽에 옆 차선 차량이 있으면 앞지르기, 밑에 있으면 차선을 변경하지 않거나 뒤따르기한다.

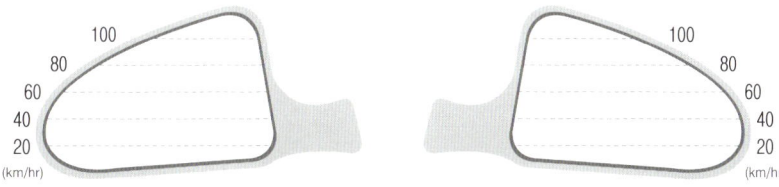

예를 들어 운전자의 차가 시속 60km로 주행할 경우 상대차가 기준선 위에 있으면 앞지르기, 밑에 있으면 차선을 변경하지 않거나 뒤따르기한다.

사이드 미러 좌·우 보기와 위·아래 보기는 운전자의 차량 속도가 기준이기에 상대 차량 속도를 감안하지 않는 단점이 있다. 이러한 관점은 절대적 사고라 할 수 있어 부정확하지만 개념 정리에서는 유용하다.

3. 절대 개념의 사이드 미러 보기

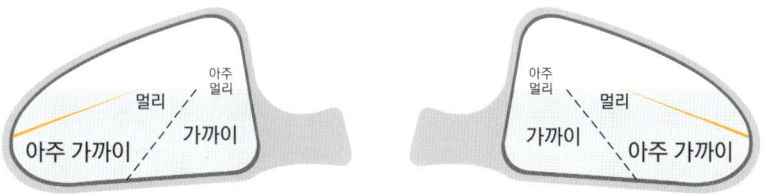

'아주 멀리' 쪽에 옆 차선 차량이 있으면 앞지르기, '멀리' 또는 '가까이'에 있으면 상황에 따라 앞지르기 또는 뒤따르기를 병용하고, '아주 가까이' 쪽에 있으

면 뒤따르기한다.

4. 상대적 개념의 사이드 미러 보기

① 옆 차량이 A쪽(위쪽/안쪽)으로 이동하면 운전자와 점점 멀어지는 것이다. 옆 차 전체가 보이면서 차량 크기는 작아진다.
② 옆 차량이 B쪽(아래쪽/바깥쪽)으로 이동하면 운전자와 점점 가까워진다는 뜻이다. 옆 차가 부분적으로 보이면서 차량도 커진다.

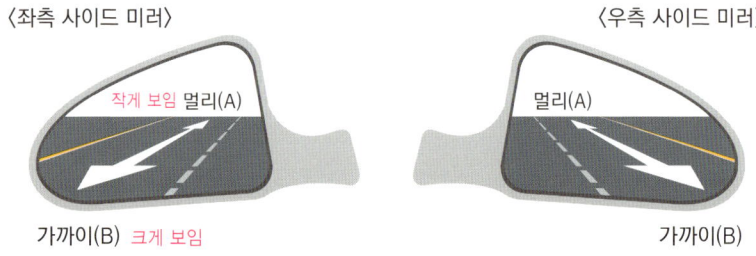

③ 옆 차가 사이드 미러 가장자리 B쪽으로 지날 때가 사각지대로 운전자 차량 트렁크 바로 옆에 붙어 있는 것이므로 이것을 확인하고자 한다면 일반적인 자세로는 보이지 않고 운전자의 몸을 앞쪽으로 당겨 사이드 미러를 보면 사각지대에 숨어 있는 옆 차를 볼 수 있다.
④ 옆 차가 사이드 미러에서 움직이지 않고 정지한 것처럼 보인다면 운전자 차량과 주행 속도가 같다고 볼 수 있다(등속). 이때는 대부분 상대방이 양보한다는 뜻을 내포하고 있으므로 가속 페달을 밟아 속도 차이를 크게 하며 앞지르기를 시도하는 것이 좋다.
⑤ 옆 차선 차량이 A쪽으로 이동하면 운전자의 차가 속도를 내고 있을 때와 상대 차가 속도를 줄일 때이다. 이때는 운전자의 차와 상대 차의 거리가 점점 멀어지고 있으므로 가속 페달을 밟아 앞지르기를 시도한다.
⑥ 옆 차선 차량이 B쪽으로 급격히 이동하는 경우는 운전자의 차가 속도를 줄

제3장 · 끼어들기 고수되는 비법

이고 있을 때와 옆 차선 차량이 속도를 내고 있을 때이다. 이때는 운전자의 차와 옆 차선 차량 거리가 가까워지고 있으므로 감속 페달을 밟아 옆 차선 차량을 보낸 후 뒤따르기를 시도한다.

⑦ 옆 차선 차량이 A 또는 B 쪽으로 서서히 이동하면 옆 차선 차와 운전자 차가 서서히 가까워지거나(점점 커진다) 서서히 멀어지는(점점 작아진다) 것으로 속도 차이는 급격히 변하지 않는다.

이때 옆 차선 차량이 점점 커지면 뒤따르기, 점점 작아지거나 같은 크기(같은 속도)면 앞지르기한다. 즉, 뒤따르기를 시도할 때 감속 페달을 밟거나 액셀에서 발을 떼어 상대 차량을 더 빨리 보내든지 또는 앞지르기를 시도할 때 가속 페달을 밟아 내 차가 상대 차량 앞쪽으로 더 빨리 나아가든지 하는 것이 효과적인 차선 변경이라 할 수 있다. 이것은 짧은 시간 내에 속도 차이를 크게 하는 것을 의미한다.

그러나 속도 차이가 거의 없거나 같은 속도일 때는 옆 차가 양보한다는 의미이므로 가속 페달을 밟아 앞지르기를 시도한다.

⑧ 일반적으로 고속도로에서는 차량 속도가 빠르지만 안전거리가 충분하여 앞지르기가 수월하고, 시내 도로에서는 차량이 많고 속도도 느리므로 상대적으로 안전거리가 짧아 뒤따르기가 유리하다.

만약 앞지르기를 시도할 경우 변경하려는 차선 앞쪽에 있는 차와 추돌할 우려가 있으므로 주의한다.

Tip

① **미러에서 차량이 위쪽이나 안쪽에 있으면 멀리 있고 아래쪽이나 바깥쪽에 있으면 가까이 있는 것이다.**
② **옆 차가 위쪽이나 안쪽으로 급격히 이동하거나 또는 정지한 것처럼 보이면 액셀을 밟아 앞지르기한다**(상대 차량이 점점 작아진다).
③ **옆 차가 아래쪽이나 바깥쪽으로 급격히 이동 시 보내주고 뒤따르기한다**(상대 차량이 점점 커진다).

④ 상대 차량이 미세하게 커지거나(아래쪽 바깥쪽으로 이동) 미세하게 작아지거나(위쪽 안쪽으로 이동) 또는 정지(등속)한 것처럼 보이면 양보한다는 뜻이므로 가속 페달을 밟아 앞지르기한다(속도 개념).

⑤ 상대 차량이 위쪽에 있으면 아주 멀리 있는 것이므로 속도에 관계없이 선 진입을 시도하여 앞지르기한다. 이때는 절대적 개념으로 거리를 생각한다(거리 개념).

5. 사이드 미러상 사각 측정

① 그림에서 보듯이 진입각과 사각은 엇각이므로 같다. 직각 삼각형이기 때문이다. 따라서 진입각이 커지면 사각지대가 커지고, 진입각이 작아지면 사각지대도 작아진다.

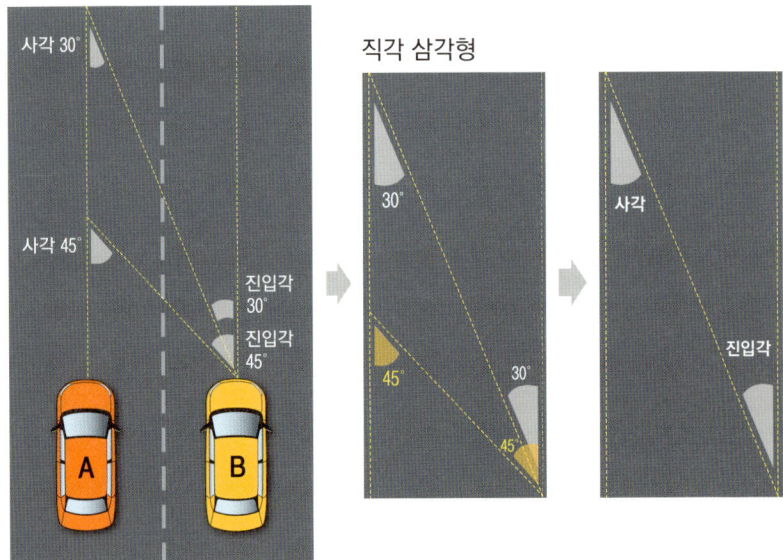

② 사각지대는 첫째, 운전자의 몸을 앞으로 당겨 사이드 미러를 보면 숨어 있던 사각지대의 물체를 확인할 수 있고 둘째, 운전자의 고개를 어깨 너머로 돌려 사각지대를 확인할 수 있다. 이를 숄더체크(shoulder check)라고 한다.

제3장 · 끼어들기 고수되는 비법

Tip

① 속도 판단(상대적 개념) : 사이드 미러에서 옆 차가 점점 커지거나 점점 작아지거나 또는 정지한 것처럼 보이는지 확인한다. 즉 나보다 속도가 빠르거나 느린지 혹은 같은 속도인지 판단하는 것이다.

② 거리 판단(절대적 개념) : 사이드 미러에서 차량이 멀리 있는지 가까운지 판단한다.

③ 옆 차가 아주 멀리 있을 때 : 속도와 관계없이 선 진입하여 앞지르기한다.

④ 옆 차가 가까이 있을 때 : 옆 차가 점점 작아질 때 앞지르기, 미세하게 커지거나 미세하게 작아지거나 정지한 것처럼 보이면 앞지르기, 점점 커지면 뒤따르기한다. 단, 옆 차가 급격히 커지면 속도가 매우 빠르므로 뒤따르기, 속도가 거의 없는 정체 시에도 옆 차가 바짝 붙어 있다면 뒤따르기가 좋다.

초보딱지 떼는 **테크니컬 드라이브**

19 차선 변경 종류와 순서

1. 차선 변경 종류

1-1. 앞지르기

옆 차선 차량 앞으로 진입하는 방식이다. 옆 차량 속도가 내 차와 같거나 느릴 때 또는 거리가 멀리 떨어져 있을 때 사용한다.
- 옆 차와 거리가 멀 때 : 속도와 관계없이 선 진입하여 앞지르기한다.
- 옆 차와 거리가 가까울 때 : 나보다 속도가 빠르면 뒤따르기, 속도가 비슷하거나 느리면 앞지르기한다.

1-2. 뒤따르기

옆 차선 차량 뒤쪽으로 진입하는 방식이다. 주로 옆 차와 가깝고 속도가 많이 빠르거나 너무 근접한 경우 옆 차의 주행을 방해하지 않으며 뒤를 따라가는 형태이다.

2. 차선 변경 순서

① 의사 표시 : 방향지시등(깜빡이)을 켠다. → **예비동작**
② 앞차와 안전거리를 충분히 유지한다. → **예비동작**
③ 변경하려는 차선에 차를 바짝 붙여 진입각을 최소화한다(방향/각도 잡기).
  → **본동작**

제3장 · 끼어들기 고수되는 비법

④ 사이드 미러를 통해 옆 차선 상황을 파악한다. → **인지 · 판단 · 뜸들이기**
⑤ 차선 변경, 진입 : 사이드 미러로 상대 차량을 보면서 진입한다.
⑥ 차선 변경 진입 후 : 앞차 후미와 전방 주시 → **위험요소 체크**
※ 차선 변경 시 가장 안전한 속도 차이는 20km/h이다.

2-1. 방향지시등을 켠다

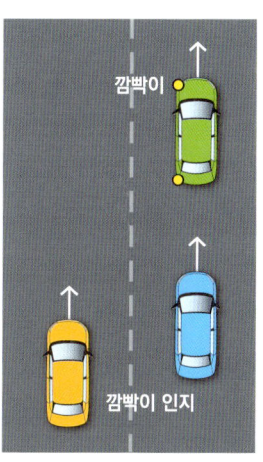

운전자의 의사를 상대에게 알리는 역할을 할 뿐만 아니라 더 넓은 의미로 운전자의 의사를 옆 차선 차량과 뒤쪽 차량에 충분히 인지시켜 사전에 대비시키는 역할을 한다.

2-2. 앞차와 안전거리를 유지한다

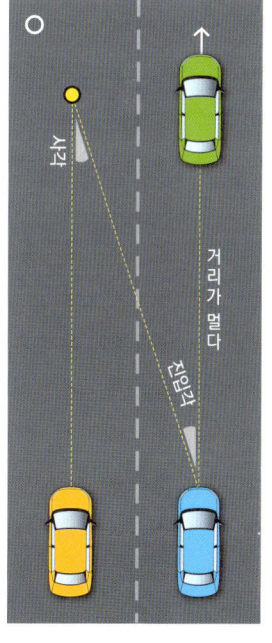

차선 변경 시 진입 거리 최대화, 진입각 최소화를 위한 예비동작으로 안전거리가 충분하지 않으면 옆 차선 차를 살피다 앞차와 추돌할 수 있고, 차선 진입 시 진입각이 커지면 사각지대가 커져 옆 차선 차량이 보이지 않을 수 있다.

1) 앞차와 거리가 충분할 때
- 진입각이 작아 비스듬히 진입할 수 있다(평행에 가깝다).
- 시각적으로 앞차와 옆 차를 확인하는 충분한 시간을 확보할 수 있다.
- 차선 변경에 유리하다.

2) 앞차와 거리가 가까울 때

- 진입각이 커 앞차와 추돌 우려가 있고 사각이 발생하여 옆 차가 보이지 않는다.
- 앞차, 옆 차 모두 근접해 진입 시간이 촉박하여 제대로 상황을 인지하고 판단할 수 없다.
- 차선 변경에 불리하다.

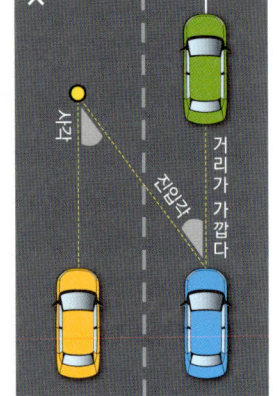

2-3. 차선에 붙이기(방향/각도 잡기)

사이드 미러를 통해 옆 차선 차량을 보면 뒤쪽 차량도 함께 보여 혼란스러울 수 있다. 따라서 사이드 미러를 볼 필요는 없고 진입하려는 차선을 보고 약 1~3도 정도 진입각으로 차선 쪽으로 차량을 붙이면 옆 차 운전자가 내 차의 차선 변경을 인지한다.

방어운전에는 소극적 방어로 '위험을 피하는' 일반적 방어운전과 나의 의도를 상대에게 적극적으로 알려 상대가 양보하거나 회피하게 만드는 적극적 방어운전이 있다. 여기서는 상대 차량이 회피해야 내가 진입할 수 있으므로 적극적 방어운전이 필요하다.

외국에서는 차선을 변경하려는 차량이 깜빡이를 켜면 옆 차는 감속 페달을 밟아 속도를 줄이는 양보운전이 의무화되어 있어 차선을 변경하려는 차량은 가속 페달을 밟아 앞지르기한다.

그러나 우리나라는

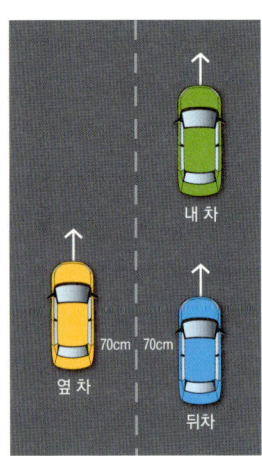
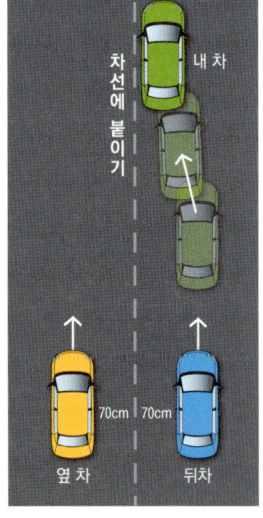

차선 변경 의사표시를 해도 옆 차가 공격적으로 운전하기 때문에 뒤따르기와 앞지르기를 병용해야 한다. 따라서 옆 차의 의중을 알아보고 내 차의 명확한 의사도 전달하고 이격 거리 70cm도 줄이면 사이드 미러에서는 뒤차가 보이지 않아 일석삼조 효과를 얻게 된다. 차선 변경 핵심이라 할 수 있다.

Tip 옆 차와의 진입각을 최소화한다.

2-4. 사이드 미러 보기

1) 옆 차, 뒤차 상태 파악하기

뒤차는 보이지 않고 옆 차만 보이므로 옆 차 상황을 정리하면 된다. 사이드 미러에서 옆 차가 바깥쪽이나 아래쪽으로 움직이면서 점점 커지면 상대 차량 속도가 더 빠른 것이고 안쪽이나 위로 움직이면서 점점 작아지면 내 차의 속도가 더 빠른 것이다. 또 거리상 아주 먼 거리에 있는지 파악(뜸들이기, 간 보기)하는 것도 중요하다.

2) 옆 차와 차간 거리가 먼 경우 : 앞지르기

속도와 관계없이 앞지르기한다. 그림처럼 차량이 놓여 있으면 내 차와 거리가 먼 상태이므로 차가 아주 작게 보인다. 이때 사이드 미러에서 차량이 점점 커지거나(차량이 아래로, 바깥쪽으로 이동하며 내 차보다 속도가 빠르다) 점점 작아지거나(옆 차가 위쪽으로, 안쪽으로 이동하며 내 차보다 속도가 느리다) 또는 정지한 것처럼 보이거나(옆 차가 내 차와 같은 속도이다) 상관없이 앞지르기한다.

왜냐하면 옆 차가 내 차보다 빠르더라도 충분한 거리가 있어 차선을 변경해도 옆 차와 안전거리를 유지할 수 있기 때문이다. 주로 속도가 빠른 고속도로에서는 차간 거리가 멀기 때문에 앞지르기를 많이 시도한다.

속도가 빠르다는 것은 안전거리를 유지하기 위하여 차간 거리가 멀고 교통량도 적다는 뜻이다. 속도가 빠르기 때문에 핸들링은 거의 하지 않으며 진입각은 최대한 작게, 진입 동선은 길게 하면서 진입하는 것이 좋다.

3) 옆 차와 차간 거리가 가까울 경우

① **속도 차이를 측정한다**(상대적 사고)

옆 차가 그림처럼 놓여 있으면 차간 거리가 가까우며 차량 속도가 느리고 차량도 많다는 의미이다. 주로 도심에서 사용한다.

초보운전자는 옆 차가 가까이 있으면 무서워서 차선을 변경하지 못하는데 잘못된 생각이다. 항상 속도를 생각해야 한다.

② **옆 차가 점점 작아질 때 : 앞지르기**

옆 차가 점점 위쪽으로, 미러 안쪽으로 이동한다. 옆 차가 위쪽으로 움직이면

내 차 속도가 더 빠르거나 옆 차 속도가 느려서 차간 간격이 벌어지는 상황이므로 가속 페달을 밟아 앞지르기한다.

③ **옆 차가 정지한 것처럼 보일 때 : 앞지르기**

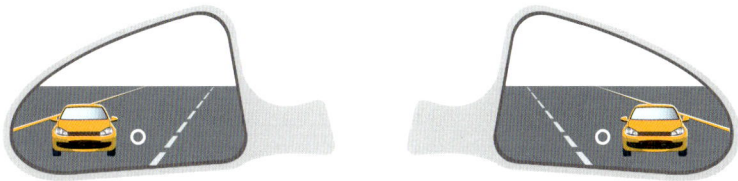

사이드 미러에서 옆 차가 정지한 것처럼 보이면 같은 속도로 달리는 것이다. 이는 대부분 양보의 뜻이므로 속도 차이를 크게 하여 앞지르기한다.

만약 앞지르기를 시도했음에도 옆 차가 작아지지 않고 정지한 것처럼 보이거나(이때는 옆 차도 가속하는 것이다) 점점 커지면 (이때는 내 차보다 옆 차의 속도가 더 빠르다) 앞지르기를 중단하고 감속 페달을 밟아 뒤따르기를 시도한다.

이때 차량이 미세하게 커지거나 작아지면 내 차의 속도와 큰 차이가 없고 옆 차가 내 차보다 약간 빠르거나 느린 것이다. 속도가 비슷하다고 볼 수 있으므로 앞지르기를 시도할 수 있다. 그럼에도 옆 차가 정지한 것처럼 보이거나 작아지지 않고 오히려 점점 커진다면 재빨리 뒤따르기로 전환한다.

④ **옆 차가 빠르게 점점 커질 때 : 뒤따르기**

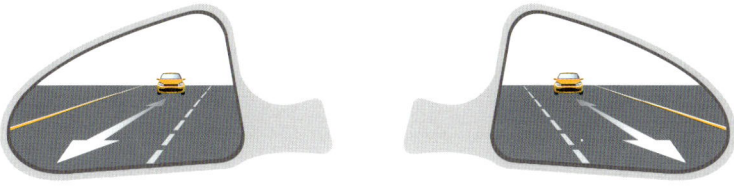

옆 차가 화살표 방향으로 이동한다면 내 차가 옆 차보다 속도가 느리거나 옆 차가 내 차보다 속도가 빨라 점점 좁혀지는 것으로 감속 페달을 밟아 옆 차를 먼

저 보내고 뒤를 따라 붙는다.

주의할 점은 옆 차가 내 차를 지나자마자 즉시 가속 페달을 밟아 차량 흐름을 방해하지 않는 범위에서 진입해야 한다.

주로 도심에서 차량 흐름이 많고 속도가 느릴 때 사용한다. 특히 우리나라는 옆 차가 양보하지 않는 경우가 많으므로 유용하게 사용할 수 있다.

4) 정체 또는 지체되어 서행할 때 : 계단식 뒤따르기

사이드 미러에서 바깥쪽과 아래쪽에 차량이 많이 보이고 붙어 있으면서 정지한 것처럼 보이면 이것은 같은 속도와는 다른 개념이다.

주로 도심에서 출퇴근 시간에 정체나 지체될 때 많이 경험한다. 이때는 핸들 방향 전환을 계단식, 핸들 방향을 2번 핸들링하되 옆 차가 양보할 의사가 없으면 차례로 앞으로 보내면서 진입을 시도한다.

차량 속도가 거의 정지 수준이므로 차간 사이 틈새로 내 차를 넣기 위해서는 적극적 방어운전을 시도하면서 진입하는 것이 좋다. 차량 속도가 느리기 때문에 핸들을 많이 돌려야 앞 차와 추돌을 방지하고 옆 차 사이로 내 차를 끼워넣을 수 있고 옆 차에 충분히 나의 의사를 인지시켜 적극적인 방어운전을 할 수 있다.

① 깜빡이를 켠다 : 의사 표시
② 내 차를 차선에 붙인다.
③ 옆 차량 A가 빠지자마자 핸들을 돌려 진입을 시도한다. 속도가 느리므로 핸들을 많이 돌려야 한다.
④ 이때 B 차량이 양보하지 않을 경우 B와 부딪치면 나의 과실이 크다. '직진 차로 우선' 원칙이기 때문이다. 따라서 신속히 핸들을 돌려 B와 평행으로

제3장 · 끼어들기 고수되는 비법

만든 다음 B 차량을 보내준다.

⑤ 이번에는 B 차량이 빠지자마자 핸들을 돌려 진입을 시도하는데 C 차의 상태에 따라 계단식으로 진입하든지 정하면 된다.

C 차량도 양보할 의사 없이 저돌적으로 밀어붙이면 C 차량도 보내주고 뒤로 붙인다. 정체 시에는 속도가 느리기 때문에 핸들링을 많이 한다는 주행 법칙을 따른다.

⑥ 계단식 차선 변경은 속도가 느리기 때문에 핸들을 많이 꺾는다. 꺾고 나란히, 꺾고 나란히를 반복하며 뒤따르기한다.

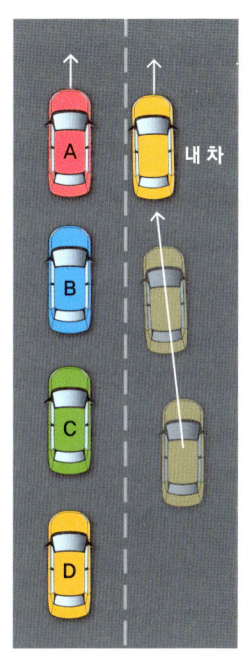

Tip 정체 시 차선 변경은 속도는 최대한 줄이면서 핸들을 많이 꺾자마자 나란히를 반복하면서 점진적으로 진입을 시도한다.

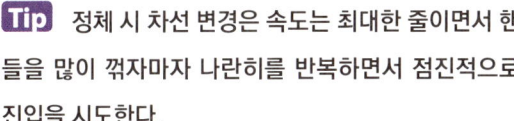

거리	속도	구분	내용
멀다		앞지르기	속도와 관계없이 선 진입한다.
가깝다	내 차 속도가 빠르다.	앞지르기	옆 차보다 내 차가 빠르거나 내 차보다 옆 차가 느릴 때
	옆 차 속도와 같거나 비슷하다.	앞지르기	• 대개 옆 차가 양보의 의미 • 속도 차가 거의 없다.
	옆 차 속도가 빠르다.	뒤따르기	가까이서 빠르게 커지므로 옆 차를 보내주고 뒤로 붙는다.
	정체 시 또는 지체 시	뒤따르기	계단식 뒤따르기

초보딱지 떼는 **테크니컬 드라이브**

 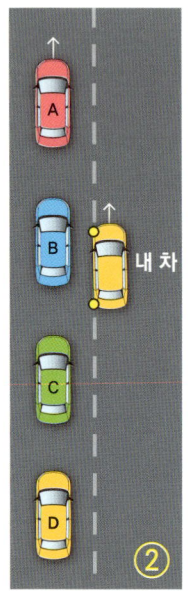  

2-5. 차선 변경 진입하기

1) 반드시 사이드 미러 보기

안전한 차선 변경을 위해 순간 판단을 잘해야 한다. 옆 차가 갑자기 가속할 수 있으므로 진입하면서 끝까지 사이드 미러를 보아야 한다.

왜냐하면 옆 차가 직진 우선인 갑의 위치에 있으므로 항상 옆 차를 살피면서 진입을 시도해야 한다.

항상 안전을 확보한 상태에서 차선을 변경해야 한다. 만약 옆 차와 추돌했을 경우 직진 우선 원칙에 따라 차선 변경 위반으로 과실은 내 차에 있다.

이때 내 차의 과실은 70~80%이며, 옆 차도 방어운전 의무에 소홀했으므로 20~30%의 과실이 있다. 차선 변경의 일반적 과실 비율은 8:2부터 시작한다.

제3장 · 끼어들기 고수되는 비법

2) 옆 차량 상황에 따른 신속한 대응

옆 차가 갑자기 가속하면 내 차는 반대로 감속해야 하며, 옆 차가 속도를 줄이면 내 차는 가속하여 속도 차이를 크게 벌린다.

옆 차가 양보하지 않고 가속하면 운전자는 감속하면서 옆 차와 평행을 유지하여 추돌을 피한다(계단식 차선 변경 : B의 형태).

㈏에서 ㈐로 진입 중 보통 20~30m 앞으로 주행하면서 약 70cm 옆으로 이동하기 때문에 핸들은 거의 틀지 않고 진입할 수 있다.

앞서 1~3도 핸들 각도를 트는 것은 '방향 우선 법칙'에 해당한다. 즉 핸들을 틀면서 가속하는 것이 아니라 핸들을 틀어놓고 가속하는 것이 순서이기 때문이다.

- 앞지르기 진입 순서 :

  ㈎ → ㈏ → ㈐ → ㈑ → ㈓ → ㈕

- 뒤따르기, 계단식 진입 순서 :

  ㈎ → ㈏ → ㈐ → ㈑ → ㈒ → ㈔ → ㈕

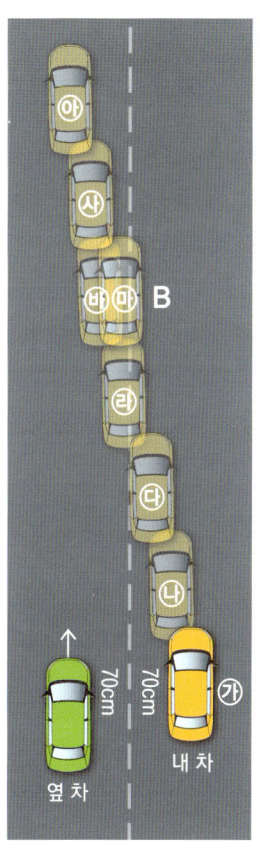

3) 차선 진입하기

사이드 미러로 옆 차 보고 전방 보고를 짧게 반복해서 살피면서 약간의 뜸(간 보기, 인지 시간 유지)을 들이면 속도 차이에 의해 사각지대의 옆 차도 보이게 된다. 이때 길게 진입하므로 진입 거리 최대화가 된다.

단, 고속도로나 야간주행 시 룸미러를 통하여 후방 전체 차량 흐름을 파악한 후 사이드 미러를 통하여 옆 차량의 세부사항을 파악한다.

룸미러로 숲을 보고 사이드 미러로 나뭇잎을 보고 후방 전체 차량 흐름을 파악하고 옆 차의 세부사항을 파악하고 진입한다.

2-6. 차선 변경 후

1) 전방 보기

안전하게 옆 차선으로 차선을 변경하면 즉시 전방을 주시한다. 이때부터 갑은 앞차이기 때문이다.

만약 옆 차가 뒤쪽에서 추돌하였다면 내 차가 갑이고 옆 차가 을이므로 내 차가 선 진입(안전거리 미확보)이기 때문에 옆 차 과실이 크다.

주행 중인 차는 위치에 따라 수시로 갑과 을이 바뀌기 때문에 운전자는 항상 갑의 위치에서 운전해야 손해가 없다.

앞 차량이 직진 상태일 때 진입하는 차량이 뒤에서 추돌할 경우 안전거리 미확보로 뒤차 과실은 100%이다. 앞차는 이미 직진 상태이므로 후방 차량에 대한 방어운전 의무가 없기 때문이다.

2) 앞차와 안전거리 유지

주행 3요소인 시야 확보, 확인, 진입을 반복하기 위한 선행적 수단이다. 특히 커브길에서 안전거리를 유지하려면 원심력을 최소화하는 것이 중요하다.

차선 변경 순서 요약

깜빡이	안전거리 유지	차선에 붙이기	사이드 미러 보기	진입
내 차의 의사를 옆 차에 전달	앞차와 추돌 방지 옆 차 시야 확보 시간 벌기 진입각 최소화	적극적 방어운전 옆 차 시야 확보 옆 차에 의사를 확실히 각인시키기	옆 차 확인· 인지·판단	행동조치 조작기능 사이드 미러 보면서 진입하기

- 앞지르기 : 내 차가 옆 차 앞으로 진입하는 방식이다. 주로 옆 차량이 내 차와 멀리 떨어져 있을 때, 내 차와 속도가 비슷하거나 느릴 때 앞지르기한다.
- 뒤따르기 : 옆 차 뒤로 진입하는 방식이다. 옆 차가 내 차와 가깝거나 속도가 빠를 경우, 정체나 지체되어 너무 근접했을 때 옆 차의 주행을 방해하지 않고 뒤를 따라가는 방식이다.
- 차선 변경 종류
    ① 앞지르기 3개, 뒤따르기 2개 → 합 5개
    ② 거리 기준 1개, 속도 기준 4개 → 합 5개
    ③ 속도 가감방식 4개, 방향 전환 방식 1개 → 합 5개

3. 고속도로에서 차선 변경

고속도로에서는 차량 속도가 빠르기 때문에 대체로 차간 거리가 멀다. 사이드 미러에서 차량들은 위쪽에 보일 것이다. 따라서 앞지르기하려면 일반적인 차선 변경과 달리 먼저 룸미러를 보고 다음 사이드 미러 보는 것을 반복하면서 진입하는 것이 바람직하다.

왜냐하면 고속주행할 때는 룸미러를 보면서 후방의 전체 차량 흐름(숲)을 파악한 후, 사이드 미러를 보면서 옆 차량들의 구체적인 상황(나무)을 판단해야 하기 때문이다. 속도가 빠르기 때문에 핸들링은 거의 하지 않는다.

고속도로에서는 차간 거리가 멀기 때문에 주로 앞지르기하여 선 진입을 시도한다. 뒤따르기를 시도할 경우 옆 차와 추돌할 수 있으므로 주의한다.

Tip 고속도로에서는 먼저 룸미러(숲)를 보고 나중에 사이드 미러(나무) 보기를 반복하여 차선 변경 순서대로 진입을 시도한다.

초보딱지 떼는 **테크니컬 드라이브**

20 대형차 차선 변경 시 대처요령

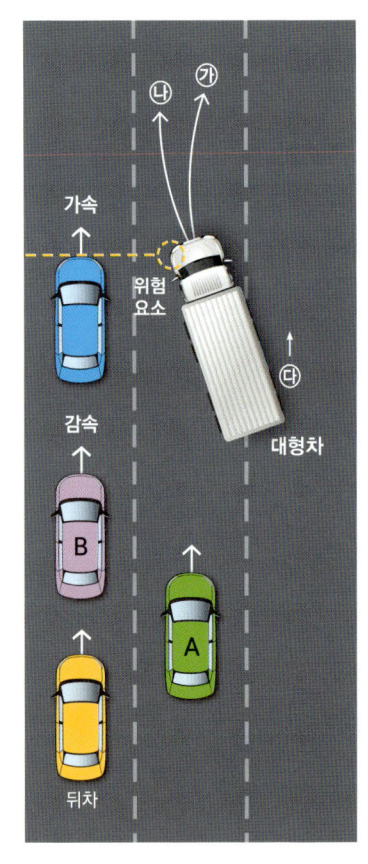

1) 대형차가 ㉮ 쪽으로 차선 변경 시 뒷바퀴는 주행 방향인 ㉰ 쪽으로 일직선으로 주행하기 때문에 차선 변경이 되지 않는다. 따라서 ㉯ 형태로 왼쪽 차선으로 붙이면 뒷바퀴는 차선 안쪽으로 들어오게 되므로 차선 변경이 제대로 된다.

이때 소형차 B는 대형차가 자기 앞으로 진입하는 것처럼 착각할 수 있다. 착시 현상이다. 이 착시를 없애려면 대형차 앞바퀴를 보고 차선을 보면서 주행 법칙에 따라 넓게 보고 좁게 보고를 응용하면 착시가 없어진다.

2) 소형차 B는 끝까지 차선을 확인하면서 능동적으로 주행해야 한다. 만약 착시 현상으로 급하게 감속 페달을 밟으면 뒤쪽 차량에 추돌당할 수 있다. 왜냐하면 뒤쪽 차량은 소형차 B가 정상 주행한다는 가정하에 주행하기 때문이다.

3) 소형차 A는 대형차가 차선에 진입하면 무조건 서행하여 대형차가 후미까지 완전히 차선에 진입한 것을 확인한 후 뒤쪽을 따른다. 사실 A의 앞쪽 공간이

충분하다고 그대로 주행하면 대형차가 방향 전환하는 순간 대형차 후미와 A의 오른쪽 앞부분이 추돌할 수 있다.

   4) 소형차 B는 대형차 앞바퀴를 보면서 B의 위치에서 위험요소로부터 빠져나가려고 급히 가속할 수 있는데 그 순간 대형차가 B 방향으로 방향을 전환할 수 있으므로 위험요소까지 대형차 바퀴를 계속 확인하면서 감속하되 위험요소를 벗어나는 순간 가속하는 것이 올바른 운전 방법이라 할 수 있다.

Tip 위험요소를 발견하면 속도를 줄이면서 계속 확인하고 위험요소를 벗어나는 순간 가속한다.

초보딱지 떼는 **테크니컬 드라이브**

21 교차로 통과법

1. 네거리교차로

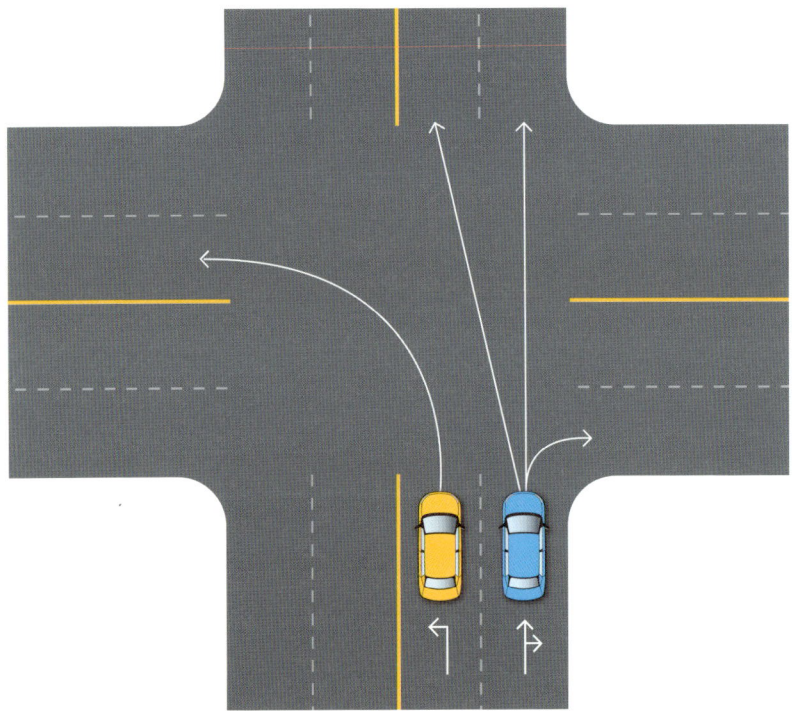

① 좌회전 차량은 그림과 같이 1차선으로 진입한다.
② 직진 차량은 직진 1차선 또는 2차선으로 진입이 가능하다.
③ 우회전 차량은 오른쪽 끝 차선으로 진입한다.

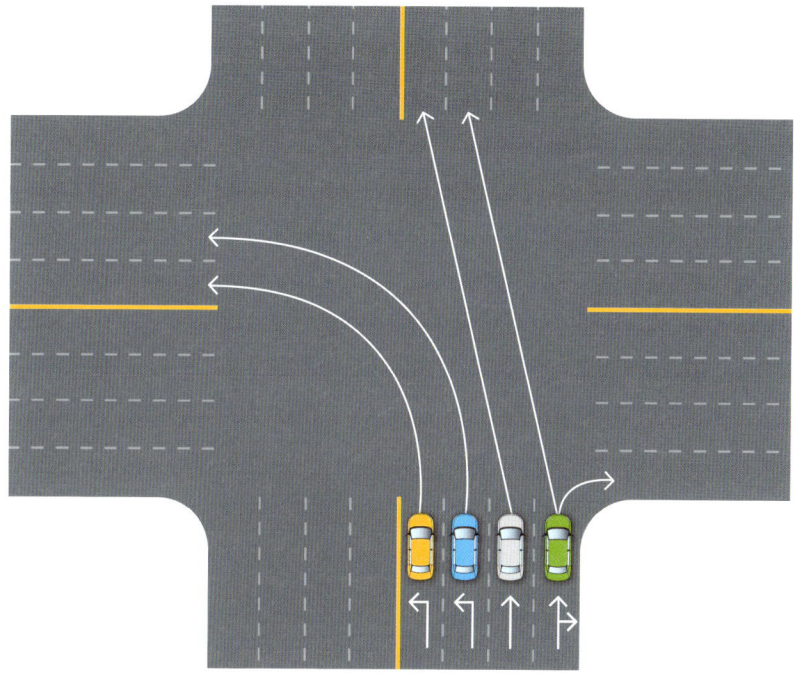

그림과 같을 때 좌회전 1차선 차량은 좌회전 1차선으로 진입하고 좌회전 2차선 차량은 좌회전 2차선으로 진입하는 것이 원칙이며, 직진 1차선 차량은 직진 1차선으로 직진 2차선 차량은 직진 2차선으로 진입하며, 우회전 차량은 우회전 끝 차선인 4차선으로 진입해야 한다.

Tip 교차로 통과 시 지정차로이므로 이탈하지 않아야 한다.

2. 회전교차로

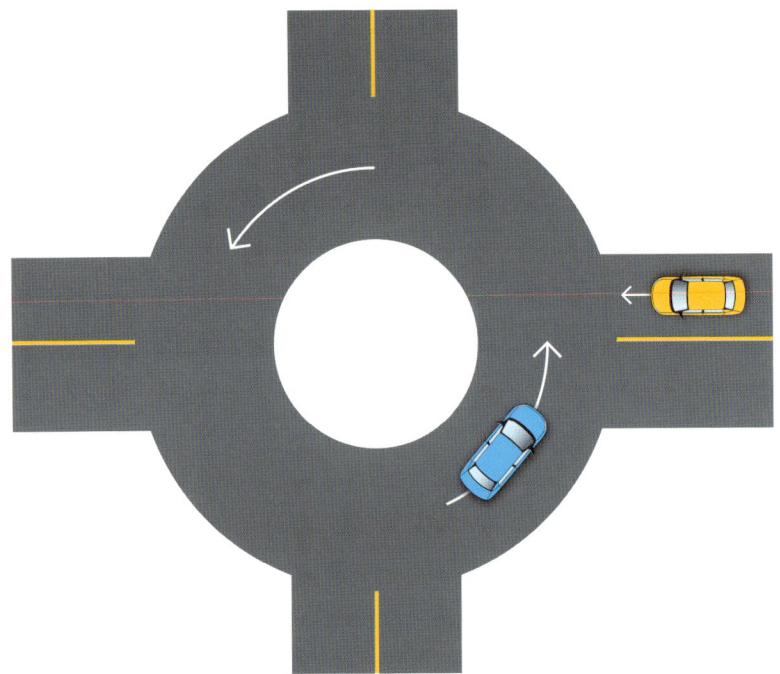

교차로 중앙에 원형의 교통섬을 두고 자동차가 이 교통섬을 우회하여 방향을 바꾸는 평면 교차로의 일종이다. 종래의 회전교차로 일종인 로터리(Rotary)는 진입 시 끼어들 수 있는 방식이었고, 현대식 회전교차로(Round About)는 진입하는 자동차가 교차로 내의 회전하는 자동차에 양보하는 것이 원칙이다. 모든 차량은 중앙 교통섬을 반시계 방향으로 회전하여 교차로를 통과해야 한다.

모든 진입로에서 진입 차량은 내부 회전 자동차에 통행권을 양보한다. 즉 진입 차량보다 회전 중인 자동차에 통행 우선권이 있다.

회전차로 내에서는 저속 운행하도록 회전차로의 반지름을 일정 규모 이하로 설계하며 이를 위해 진입부에서 충분히 감속한다.

3. 우회전 요령

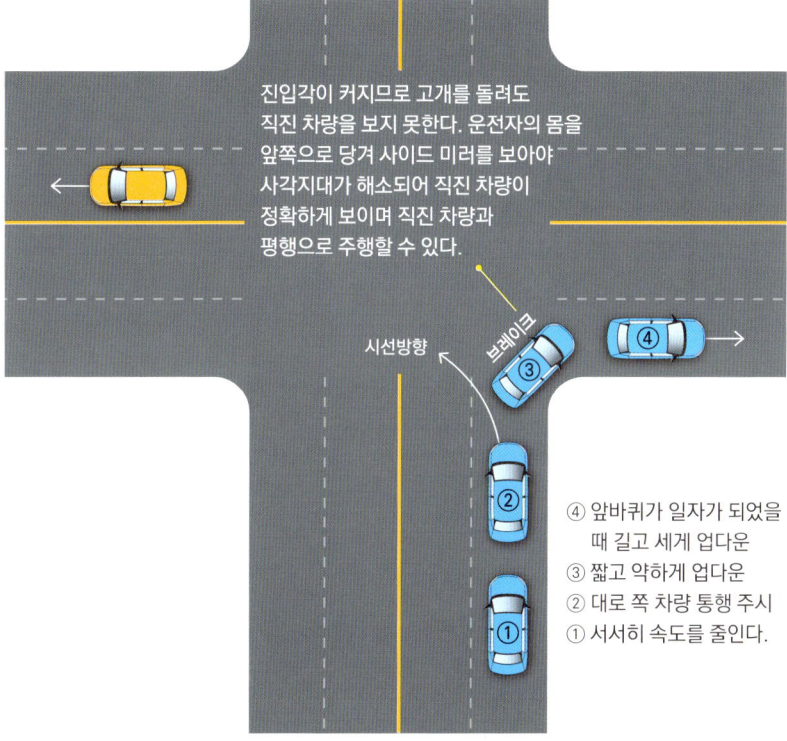

① 속도를 줄이면서 주위 상황을 살핀다.
② 대로 쪽 차량 통행을 예의주시한다.
③ 차량을 비스듬히 놓아 진입각을 최소화하여 도로와 평행하게 만든 후 반대 방향 대로와 직진차로를 살핀다. ③ 지점에서 원래 속도를 복원하기 위하여 다시 속도를 내게 되는데 길고 세게 업다운하면 원심력도 복원되므로 약하고 짧게 업다운하여 원심력을 없애고 속도는 점차 가속한다. 이때 관성이 생기므로 '푼다'를 하든지 항아리 핸들링으로 핸들을 풀어 앞바퀴가 일자가 되게 한다.

초보딱지 떼는 **테크니컬 드라이브**

④ 진입 시 직진 차량, 좌회전 차량, U턴 차량 등이 우선순위이고 모든 차량을 보낸 후 마지막으로 안전이 확보된 상태에서 우회전한다.

Tip 속도를 줄이고 안쪽으로 붙이면서 진입한다. 정점에 이르러 약하고 짧게 액셀을 업다운하며 핸들을 풀고 앞바퀴가 일자가 되었을 때 가속한다.

4. 우선순위

① 움직이는 차보다 정지한 차
② 사고보다 무사고
③ 소로보다 대로 우선
④ 회전하는 차보다 직진하는 차 우선
⑤ 신호등보다 수신호
⑥ 왼쪽보다 오른쪽 : 우회전 시
⑦ 먼저 진입한 차(선 진입)
⑧ 차보다 사람(사람, 자전거, 손수레, 오토바이) : 약자 보호 우선
⑨ 시야가 가려져 있는 차보다 전방 시야가 확보된 차
⑩ 일반 차량보다 응급 차량
⑪ 오르막보다 내리막 차 : 언덕에서
⑫ 빈 차보다 화물이나 사람을 태운 차 : 언덕에서

22 방향 전환

1. 직진하는 방법

1-1. 초보운전자가 직진을 못 하는 경우

1) 운전자의 시선처리가 잘못되었을 경우

속도가 빠를 때 시선을 가까이 두거나 속도가 느릴 때 시선을 멀리 두면 속도에 따른 시선의 초점이 맞지 않아 차선을 이탈할 수 있다.

2) 운전자의 몸에 힘이 들어가 경직되었을 경우

대체로 운전자가 오른손잡이면 오른쪽으로, 왼손잡이면 왼쪽으로 치우쳐 주행하게 된다.

3) 운전 자세가 바르지 않을 때

운전자의 시선은 정면을 보지만 자세가 불안정하면 비틀린 쪽으로 치우쳐 차선을 이탈할 수 있다.

1-2. 차선을 이탈하지 않는 방법

① 속도가 빠를수록 멀리 넓게 보고 느릴수록 가까이 좁게 시선처리한다.
② 운전자의 몸이 유연해야 하며 핸들은 날계란 쥐듯이 느슨하게 잡고 엄지는 펴고 페달은 연두부 밟듯이 살며시 밟되 속도에 맞춰 업다운한다.
③ 운전자는 바른자세에서 턱을 들지 말고 어깨는 늘어뜨리며 머리는 시트에

대지 말고 편안한 자세를 취한다.
④ 지면의 직진 표시가 된 곳으로 직진한다. 실선에서는 차선을 변경할 수 없으며 점선에서만 차선을 변경할 수 있다.
⑤ 교차로에서 차선은 변경할 수 없고 1차로는 1차로, 2차로는 2차로로 주행해야 한다. 즉 지정된 차로로만 주행해야 한다.

Tip ① 운전자는 어깨의 힘을 빼고 바른자세로, 시선은 속도가 빠르면 멀리 넓게 보고 느리면 가까이 좁게 보고 ② 핸들은 날계란 쥐듯이, 페달은 연두부 밟듯이, 시선은 두루두루 위험요소 살피기

2. 우회전 방법 : 신호등 있을 때

우회전 시 A나 D는 우회전 신호와 관계없이 안전이 확보되면 진입한다. 단 우선순위 차량을 모두 보낸 후 마지막으로 진입한다. 우회전 차량의 진입 순서가 가장 후순위이기 때문이다. 그림에서는 B나 E가 A나 D보다 우선권이 있다. 만약 우회전 신호가 있을 경우에는 우회전 신호가 우선이므로 신호에 따른다.
또 교차로에서 우회전할 때 모든 운전자는 우측 가장자리로 서행하면서 우회전한다. 이 경우 우회전하는 차의 운전자는 신호에 따라 정지하거나 또는 보행자나 자전거에 주의한다.

2-1. 진입각 미리 잡기

① A는 D, B, E를 살피면서 커브길과 차량을 맞추면서 진입하되 B와 E에 우선권이 있으므로 A는 B와 E에 양보하고 뒤를 따른다.
② A와 D 모두 우회전하는 차량이지만 A가 D보다 우선순위이다. 따라서 D는 A의 운행을 방해해서는 안 된다(우회전 시 왼쪽보다 오른쪽 우선).
③ C는 전방이 적색등이고 보행자 녹색등이므로 횡단보도 앞에서 정지해야

제3장 · 끼어들기 고수되는 비법

한다. 절대 우회전하면 안 된다는 뜻이다. 보행자가 없다고 우회전하면 신호 위반이다.

④ A, D의 경우 전방 횡단보도에 보행자가 없어 안전하다고 판단될 때 지나갈 수 있다. 신호 위반이 아니라 정상적인 주행이다. 그러나 횡단보도 옆에 주행 보조 신호등이 녹색등이면 우회전하고 적색등일 경우는 보행자 신호등이 녹색이므로 주행 보조 신호등에 따라 멈춰야 한다.

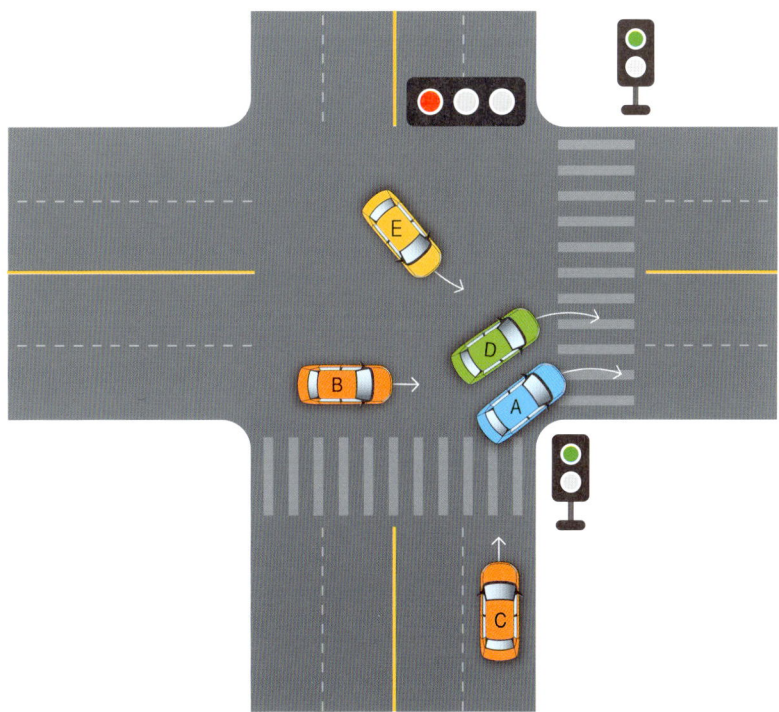

3. 좌회전하는 방법

① 좌회전할 때 유도선이 없으면 안쪽 좌회전 차량 A가 바깥차선 차량 B보다 우선순위이다. 유도선이 있으면 유도선을 따르는 차량이 우선이다. B는 A의 주행을 방해하지 않는 범위에서 A와 평행하게 주행한다.
② 신호를 받고 좌회전하되 직진신호 시 비보호 표시가 있으면 좌회전할 수 있다. 만약 횡단보도가 있다면 횡단보도 보행 신호가 끝난 뒤 진입한다. 보행 신호일 때 진입하면 신호 위반이다.

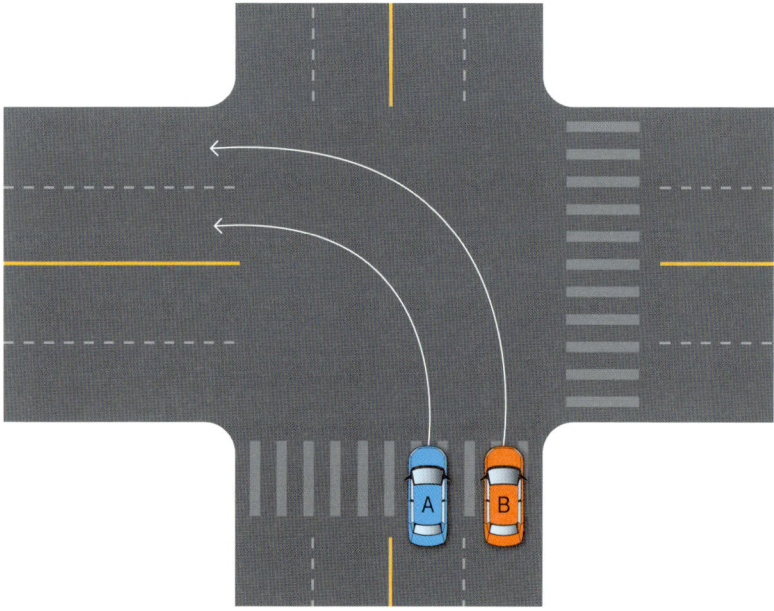

Tip B는 좌회전할 때 반드시 신호를 따르되 A와 평행하게 주행하며 자기 차선을 지켜야 한다.

4. 횡단보도 통과할 때

보행 신호 시 우회전 차량 B는 신호에 관계없이 안전을 확보한 후 우회전할 수 있지만 좌회전 차량 A는 횡단보도 앞에서 대기 후 좌회전 신호를 받고 좌회전해야 한다.

우회전은 신호 자체가 없으므로 신호에 관계없이 진입하지만 좌회전은 신호가 있기 때문에 반드시 신호를 받은 후 진입하라는 뜻이다.

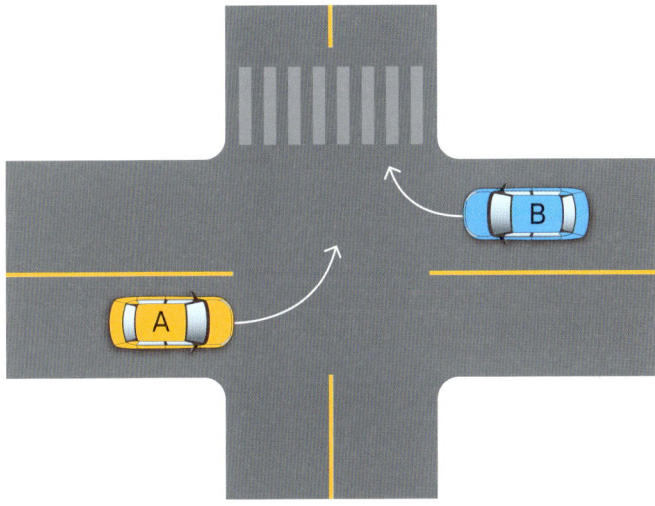

Tip A는 신호를 따르고 B는 신호와 관계없이 우회전할 수 있다. 다만 보행자가 있으면 멈추고 보행자가 건널목을 완전히 지나간 후 진입할 수 있다.

5. 비보호 좌회전

좌회전 신호등이 없는 교차로에서 직진 표시인 녹색 신호등에서만 가능하다.

비보호 좌회전의 원래 뜻은 안전이 확보된 상태에서 좌회전하되 사고 시 전적으로 좌회전 차량이 책임진다는 의미이다.

옆 그림같이 횡단보도의 보행 신호가 녹색일 때 맞은편 차량이 정지하므로 안전이 확보된다.

일반적으로 좌우 차선에 차량이 없을 때 비보호 좌회전하는데 이는 신호 위반이다. 반드시 전방의 신호등이 녹색일 때 비보호 좌회전하는 것이 원칙이다.

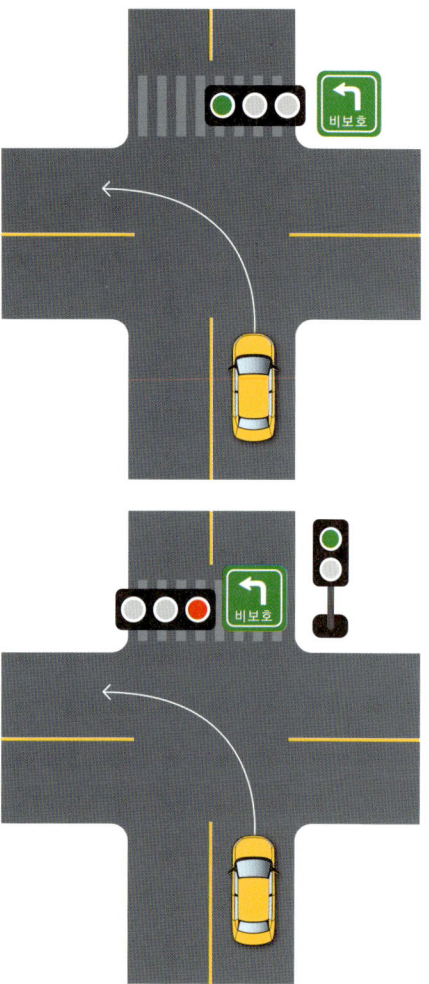

23 언덕길 주행 요령

① 언덕길에서 신호를 대기하다 출발할 때 차량이 뒤로 밀려 당황하기도 한다.

경사가 심하지 않으면 오른발로 감속 페달 오른쪽을 세게 밟아 차가 하중에 의해 뒤로 미끄러지는 것을 방지하고 있다가 미끄러지

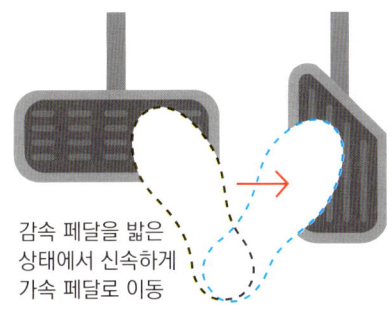

감속 페달을 밟은 상태에서 신속하게 가속 페달로 이동

듯이 가속 페달로 오른쪽 발을 재빨리 이동한다.

초보운전자는 감속 페달 중앙을 밟고 있다 가속 페달로 옮기는데 이렇게 되면 운전자 발이 감속 페달에서 떨어져 가속 페달을 밟을 때 시간 간격(인터벌)이 생기고 그만큼 차가 뒤로 밀린다. 차의 하중이 크면 클수록 뒤로 밀리는 힘도 커질 수밖에 없으므로 주의를 요한다.

② 언덕이 심할 경우 위의 형태로는 되지 않는다. 이럴 때는 왼쪽 발은 감속 페달을 밟고 오른쪽 발은 가속 페달을 가볍게 밟으면서 왼쪽 발로 밟고 있던 감속 페달을 가볍게 떼면 차가 뒤로 밀리지 않는 상태에서 앞쪽으로 나아가게 된다.

③ 수동은 왼발로 반 클러치하면서 오른발은 감속 페달에서 신속히 가속 페달로 옮기고 오른손은 채워진 사이드 브레이크를 푼다. 이때 짧고 세게 가속 페달을 업다운하면 엔진이 꺼지지 않는다.

24 야간주행

야간운전은 주간운전에 비해 시야가 좁아져 물체 식별이 용이하지 않고 거리 감각 역시 떨어지며 빨간색 조명이 많아 심리적으로 흥분하기 쉽다. 게다가 신체 리듬 저하에 따른 졸음운전으로 사고 위험에 노출될 수 있다.

1. 속도 조절하는 방법

① 야간에는 주간보다 속도가 빠르다는 느낌을 받을 수 있다. 이는 전방의 시야가 좁아져 주위의 물체들이 빨리 지나가는 것처럼 느껴지기 때문이다. 따라서 주간보다 20% 정도 감속해서 운전하는 것이 좋다.

모든 도로의 속도가 야간운전을 기준으로 설정된 것도 이 때문이다. 만약 주간속도를 제한속도 기준으로 설정한다면 야간에 더 많이 사고가 날 것은 자명하다.

예를 들어 고속도로의 경우 주간 기준 제한속도는 120km/h가 적당하다. 그러나 야간에 이런 속도로 주행한다면 급격히 사고율이 높아진다. 따라서 야간에는 20% 감속한 100km/h를 제한속도로 설정해야 주야간 모두 안전하게 주행할 수 있다.

② 전방 차량만 주시하고 운전할 경우 앞차의 차폭등이 붉은색이라 브레이크등과 혼동할 수 있다. 따라서 이런 착시를 미연에 방지하려면 앞에만 시선을 두지 말고 수시로 앞과 옆을 보아야 한다.

2. 차선 변경 요령

　차선은 노란색, 흰색, 파란색이 있는데 흰색 차선이 운전자의 눈에 가장 잘 띄므로 흰색 차선을 중점적으로 보면서 주행하는 것이 좋다. 차선 변경 시 사이드 미러를 볼 때 후방 차량 불빛 때문에 물체 식별이 힘들고 거리감을 느끼기 어렵다. 따라서 낮에 비해 한 박자 늦추어 주변 물체를 확인한 다음 진입한다.
　운전자는 룸미러를 통해 후방 전체 차량 흐름을 파악한 뒤 사이드 미러를 보아야 어느 정도 미러 불빛 반사를 상쇄할 수 있으며 그 외 사항은 주간 차선 변경 요령과 같다.

3. 불빛에 따른 야간 운전법

① 전방 차량 불빛을 피하려면 불빛을 주시하지 말고 차선을 보면서 운전해야 눈부심을 피할 수 있다. 뒤편 차량 불빛이 반사되어 운전자의 시야를 방해할 경우에도 가능한 사이드 미러에 반사되는 불빛을 보지 않는 것이 좋으며, 룸미러에 반사되는 불빛은 룸미러를 아래로 향하게 한 후 운전하는 것이 좋다. 룸미러에 사각형 룸미러를 덧붙이기도 하는데 거울 모서리가 직각이어서 사고 시 흉기가 될 수 있으므로 부착하지 않는 것이 좋다.
② 골목길이나 외길 주행 시 또는 서행 시 불빛 때문에 시야가 가려질 때는 어느 한쪽이 전조등을 끄는 예의도 잊지 말아야 한다. 왜냐하면 양쪽 차량의 불빛이 마주칠 때 순간적으로 증발현상이 일어나 중앙선이 보이지 않을 수 있기 때문이다.
③ 산길 또는 국도 등에서 나 홀로 주행할 때 시야를 좀 더 확보하려고 상향등을 켜기도 하는데 대향차 또는 양쪽에 차가 있을 경우 바로 하향등으로 조정하여 상대 차량의 시야를 방해하지 않도록 한다.

4. 야간 우천 시 운전

① 비가 오는 야간에는 전방 차들의 후미등 빛이 도로에 반사되어 차선이 보이지 않을 수 있다. 따라서 앞차의 위치와 주위 차선을 예의주시하면서 저속운전한다.
앞에 웅덩이가 있거나 물이 고여 있는 경우 앞차에 의해 앞 유리에 물이 튀면서 갑자기 시야를 가릴 수 있다. 이때는 속도를 줄이되 핸들을 틀지 않도록 한다.
② 우천 시 차선을 변경할 때는 사이드 미러에 물방울이 맺혀 뒤쪽 차량을 볼 수 없으므로 더욱 신중을 기해 마지막까지 확인한 후 진입을 시도한다. 빗길에서 고속주행 시 도로에 얇게 물이 고여 있으면 바퀴가 물에 뜨는 수막현상으로 미끄러질 우려가 있으니 이 역시 주의한다.
특히 지하철 공사로 복공판(철판)이 설치된 곳을 통과하는 차량은 속도를 줄여야 미끄러지지 않는다.
야간 빗길 운행 시 외부 온도와 실내 온도차(결로현상)에 의해 유리에 이슬이나 성에가 낄 수 있다. 이때는 자연풍(외부바람 흡입)에 놓고 레버를 서리 제거 위치에 놓으면 온도를 조절할 수 있다.

Tip
① 야간운전 시 시야가 좁으므로 주간운전에 비해 가까이 좁게 보기를 자주 한다.
② 차선 변경할 때는 고속도로에서의 차선 변경처럼 룸미러를 보고 사이드 미러 보기를 자주하며 주간에 비해 좀 더 늦게 시간 차이를 두고 변경하는 것이 좋다.
③ 불빛에 의한 증발현상이 심하므로 주간보다 20% 정도 감속 운행한다.

25. 비포장도로 운전

비포장도로의 운전 환경은 포장도로에 비해 매우 열악하다.

1. 비포장도로 특징

1-1. 자갈길 또는 흙길이다

① 노면이 고르지 않아 고속주행할 수 없다.
② 도로폭이 협소하며 외길인 경우가 많다.
③ 날씨 영향을 많이 받는다.

1-2. 가로등이 없다

① 굴곡이 많고 시야가 좁아 세심한 운전이 필요하다.
② 야간운전이 용이치 않다.

1-3. 차선이 없다

① 신호등과 표지판이 없다.
② 교통 정보가 빈약하다.

초보딱지 떼는 **테크니컬 드라이브**

2. 맑은 날 비포장도로 운전

① 맑은 날이라도 비포장도로에서는 시속 60km 이상 속도를 낼 수 없는 경우가 많다. 노면이 고르지 못한 상태에서 차량이 요동치면 차 바닥이 지면에 닿아 그 충격으로 차량의 각종 이음새가 벌어지며 부속품이 망가질 수 있다.

② 움푹 파인 곳을 통과하거나 개울물이 있거나 또는 굴곡이 심한 좁은 길 등에서 운전할 때는 주변의 여러 환경을 살피면서 운전하는 것이 바람직하다. 특히 서행운전이 중요한데 SUV 차량은 무게 중심이 승용차에 비해 위쪽에 있으므로 급회전 시 회전력에 의해 차가 전복될 수 있다.

③ 차선이 없는 비포장도로라도 도로 중앙으로 운전하는 것은 옳지 않다. 항상 우측으로 적정 속도를 유지하는 것이 좋다. 그럼에도 뒤 차량이 앞지르기를 시도하면 우측 방향지시등을 켜고 도로 우측 가장자리로 붙여 서행하며 뒤차가 지나가도록 유도한다. 이때 전방에 물체가 없는 것을 확인하고 유도하는 것이 중요하다.

④ 앞지르기할 때는 앞 차량에 경고등을 비추어 양해를 구하고 앞 차량 앞쪽의 안전 유무를 확인한 후 시야를 확보한 후 시도하는 것이 좋다. 굴곡진 곳에서 앞지르기하면 대향차가 오는 것을 확인하기 쉽지 않아 자칫 사고가 발생할 수 있으므로 직선 길에서만 앞지르기한다.

⑤ 오르막에서 가속할 때 바퀴가 헛도는 경우가 있다. 흙이나 모래가 파여 뒤쪽으로 밀리면서 지면과의 마찰력이 작아지기 때문이다.

⑥ 내리막에서 급정거를 시도하면 이 또한 미끄러져 위험하므로 저속 운행해야 하고 이런 상황에서는 브레이크를 조금씩 여러 번 자주 밟아(더블 브레이크) 미연에 미끄럼을 방지하고 기어는 저단으로(엔진 브레이크) 놓고 운전하는 것이 바람직하다.

⑦ 길이 좁고 대체로 커브길이 많은 비포장도로에 들어서면 바로 앞의 지형을 잘 살펴야 하므로, 몸을 최대한 앞쪽으로 당겨서 시야를 확보하고 양쪽 보닛 끝을 주시하면서 운전하는 것이 요령이다.

⑧ 비포장도로에서 운전한 후에는 돌이나 날카로운 물체에 타이어가 상하지 않았는지 하체 부분이 손상되어 각종 오일이 새는지 세심하게 점검한다.

3. 비 올 때 비포장도로 운전

노면에 물 웅덩이가 있어서 지나갈 때 흙탕물이 튀기도 한다. 이때는 노면 상태를 세심하게 살펴 웅덩이를 피하면서 서행한다. 길 옆에 개울이 있으면 갑자기 물이 불어나는 경우가 발생할 수도 있다.

비상 시 견인할 수 있는 와이어 로프와 바퀴 마찰력을 높이기 위해 바퀴 쪽 진흙이나 모래를 퍼내는 삽이 필요하다.

4. 야간 비포장도로 운전

가로등이 없고 칠흑 같은 어둠이 깔린 상태에서 주위에 지나가는 차량도 거의 없다. 따라서 상향등과 안개등을 켜고 운전해야 가까운 곳과 먼 곳을 전체적으로 살필 수 있다. 단, 주위에 다른 차량이 있을 경우 전조등을 하향등으로 전환하는 것은 필수다.

만약 대향차와 마주치면 양쪽 차량 전조등 빛이 너무 세므로 비켜주고자 하는 차량이 먼저 전조등을 소등하여 통행에 지장이 없도록 한다.

특히 야생동물이 갑자기 출현했을 때 피하려 하면 큰 사고가 날 수 있으므로 절대 피해서는 안 되며 속도를 줄이는 것이 최선책이다. 그럼에도 불구하고 어쩔 수 없는 경우는 그대로 충돌하는 것이 인명 피해를 줄이는 최선의 방법이다.

5. 복공판 위 운전

지하철 공사할 때 임시로 복공판을 설치하는데 표면이 요철이어서 접지력을 높여주지만 서행하는 것이 원칙이다.

우천 시에는 도로 표면의 마찰계수가 급격히 떨어져 빙판 위에서 운전하는 것과 같은 상태가 되기도 한다. 이때 급정거하면 순식간에 미끄러져 차선을 이탈할 수 있다. 또한 브레이크를 밟으면 바퀴는 회전을 멈추지만 관성이 남아 있어 차량이 돌아갈 수도 있다. 최대한 속도를 줄여 서행하는 것이 원칙이다.

꼭 급정거해야 할 상황이라면 사이드 브레이크(뒷바퀴 브레이크)를 최대한 당겨 뒷바퀴 관성을 줄인 상태에서 앞바퀴에 엔진 브레이크를 건다. 이때 핸들을 급하게 꺾으면 차선을 이탈할 수 있으므로 주의한다.

26 골목 주행

1. 골목 운전 특징

① 차선이 없으며 도로폭이 좁고 외길인 경우가 많다.
② 주변에 돌출부가 많다.
③ 돌발상황이 자주 발생한다.
④ 골목 주행은 순발력과 유연성이 필수이다.
⑤ 세심하게 운전해야 사고를 피할 수 있다.
⑥ 따라서 항아리 핸들링법이 필수 요건이다.
⑦ 시선처리는 장애물(위험요소)이 근접해 있으므로 가까이 좁게 본다. 즉 ∧형으로 시선처리한다.

2. 주변 위험요소와 평행으로 주행하라 (주행)

가장 이상적인 주행은 주변 물체와 평행을 유지하는 것이다. 평행을 이룰 때 사고율이 제로에 가깝기 때문이다.

초보운전자는 본능적으로 일직선으로 주행하려는 습성이 있다. 이렇게 되면 주차된 다른 차의 돌출부에 차가 접촉할 수 있다.

특히 초등학교 주변처럼 좁은 도로나 골목길에서 어린이가 주변에 서 있을 경우 몸은 피해 갈 수 있지만 발은 보이지 않아 바퀴가 발을 올라타는 경우가 발생할 수 있다.

3. 주행노선을 크게 하라(수정)

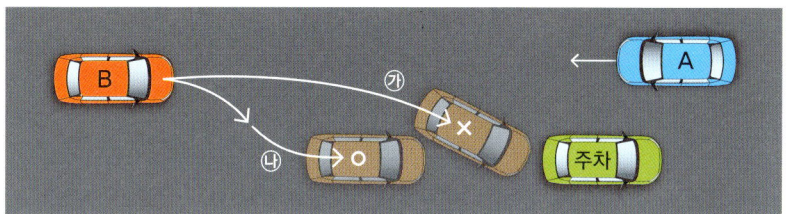

　그림 ㉯와 같이 오른쪽으로 방향을 전환한 후 다시 왼쪽으로 방향을 전환해야 차의 후미가 도로와 평행을 이루어 A 차량이 통과할 수 있다(2번 방향 전환한다).

　A 차량이 진입할 때 B 차량이 ㉮처럼 피하면 차의 후미가 좁아져 A 차량이 통과하기 힘들다. 공간이 좁을수록 회전반경을 크게 하여 B 차량은 오른쪽으로 더 많이 회전하고 반대로 왼쪽으로도 더 많이 회전해야 A가 통과할 수 있는 공간이 만들어진다.

　㉮는 전진 수정 한 번만 한 상태로 차량 후미가 튀어나와 잘못된 방법이고 ㉯는 전진 수정을 2번 한 상태로 차량 후미가 평행을 이루어 대향차의 통과가 용이하여 올바른 방법이다.

4. 주차된 차량과 최대한 간격을 벌려 진입한다(차선 변경)

4-1. 그림 ① : 간격이 거의 없는 경우

　B1이 주차된 차와 가까이 붙은 상태에서 주차 차량을 회피하고자 한다면 그림 ①처럼 핸들 회전각이 커져 진입각과 사각이 커진다(사각=진입각).

　이럴 경우 B1의 보닛 왼쪽 모서리나 후미 트렁크 오른쪽 끝 부분 중 어느 한쪽은 무조건 접촉한다. 진입각이 커져 후방에서 직진하는 차량이 사이드 미러에 보이지 않아 매우 당황할 수 있다.

4-2. 그림 ② : 어느 정도 간격이 있는 경우

B1과 다른 점은 두 번 방향 전환하는 것은 같지만 단지 주차된 차량과 이격 거리를 많이 두어서 진입각을 최소화하여 길게 진입하는 것이다.

주차된 차량과 B2의 간격이 멀수록 진입각이 작아져(사각지대가 작다) 핸들을 조금만 돌려도 쉽게 진입할 수 있다.

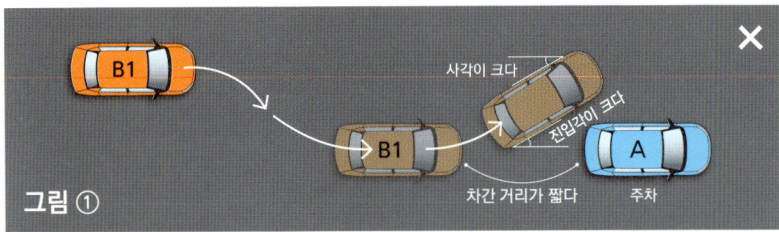

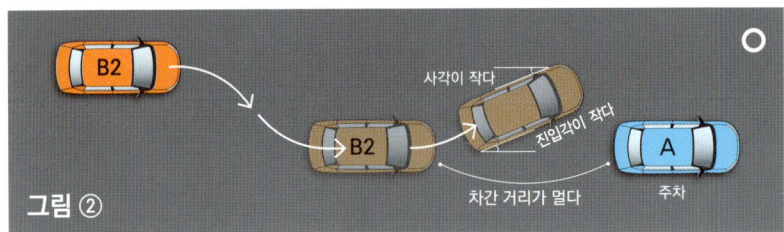

5. 정지할 때는 운전자의 어깨, 서행할 때는 사이드 미러에서 핸들링한다(코너링)

5-1. 그림 ①

정차할 때는 운전자의 어깨, 주행 중인 차량이 주차된 차와 가까운 경우인데 핸들을 최대한 꺾어도 3/2 바퀴 돈다. 이때 바퀴 각도는 약 40도이다.

이런 의미에서 주행하다 정차한 상태에서 핸들링할 때 주차된 차량의 위험요소에 운전자의 어깨가 지난 후 (엄밀히 말하면 주행 차량의 정중앙 지지대가 위험요소를 벗어난

제4장 · 초보 딱지 떼는 운전 기술

후) 핸들링해야 주행 중인 차의 측면이 주차된 차와 부딪히지 않는다.

일반적인 승용차는 운전자의 어깨, 엄밀히 말하면 승용차의 차체 지지대가 차 길이의 중앙이기 때문에 그 중앙이 옆 차량의 위험요소에 위치해 있으므로 어느 쪽도 부딪히지 않는다.

5-2. 그림 ②(위험요소 확인)

서행할 때는 사이드 미러가 위험요소와 일직선상에 위치할 때 핸들링해야 주차된 차량과 부딪히지 않는다. 핸들을 돌리는 시간 동안 차량은 앞으로 전진하므로 자동으로 운전자 어깨가 주차된 차의 위험요소와 일직선이 되므로 위험요소를 벗어나게 된다.

요약하면 서행할 때는 사이드 미러가 회피지점(위험요소)에 다다랐을 때 핸들링, 정차했을 때는 운전자 어깨가 회피지점에 다다랐을 때 핸들링한다.

핸들링할 때는 코너이므로 반드시 대각선상 앞뒤 모서리의 위험 유무를 확인한다.

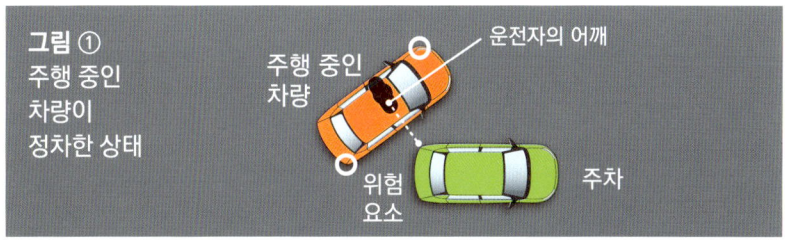

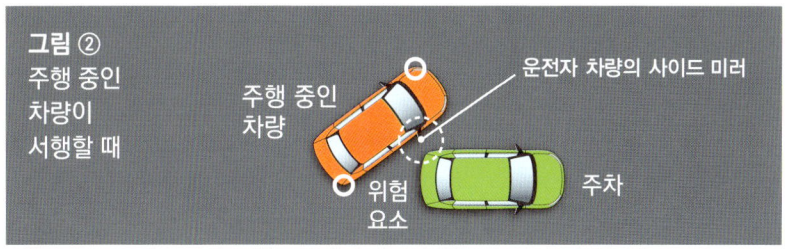

6. 시야 확보와 차간 간격을 정확히 측정하라(차폭감)

① 운전자의 차가 정지된 상태에서 사이드 미러를 통해 주차된 차와의 후미 간격을 확인할 수 있다.

② 주행 중일 때는 사이드 미러를 볼 수 없다. 주행할 때 사이드 미러를 보면 전방을 보지 못할 수 있으므로 위험하다.

이때는 전방을 보면서 몸을 앞으로 숙여 운전자 차의 보닛 양쪽 모서리(위험요소)를 주시해야 한다. 즉 골목 주행은 위험요소가 가까이 좁게 있어 속도가 느리므로 가까이 보아야 한다.

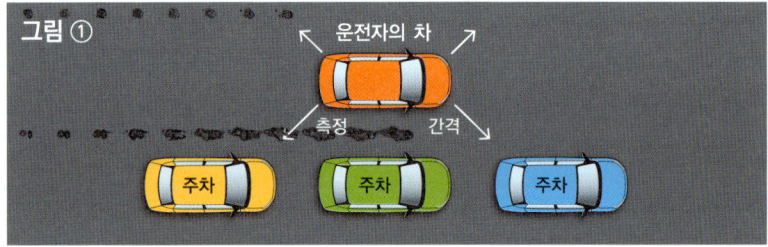

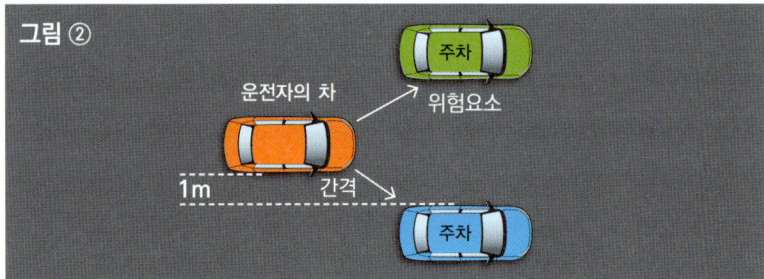

그림 ②처럼 보닛 모서리와 주차된 차의 바퀴가 붙은듯이 지나도 사이드 미러로 후미를 보면 1m 이상 간격이 있음을 알 수 있다.

물론 간격은 차량 종류에 따라 달라질 수 있다. 차의 높이, 길이, 형태에 따라 시야가 다르므로 간격도 달라지기 때문이다. 이런 것을 인지하기는 매우 어려우므로 본인 차로 수시로 연습해야 '감'을 잡을 수 있다. 이를 차폭감이라 한다.

7. 시선처리(주행)

7-1. 가까운 순서대로 시선을 처리한다

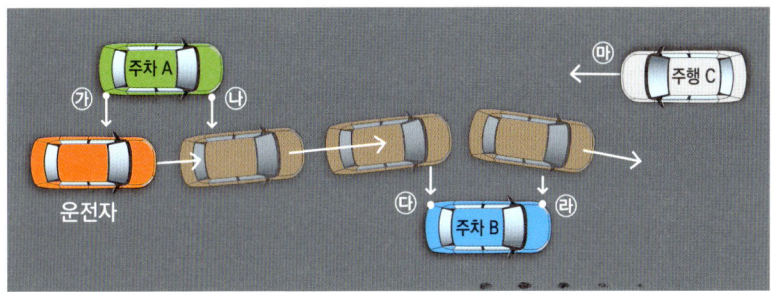

A 보고 B 보고 C 보고(가까운 곳 먼저 확인, 먼 곳 나중에 확인).

대부분의 초보운전자는 A와 B는 보지 않고 C를 먼저 보고 핸들링하는데 잘못된 행동이다. 가까운 위험요소를 먼저 피한 다음 먼 곳의 위험요소에 대비해야 안전이 보장된다.

7-2. 시선처리 순서(좁은 곳 먼저 확인, 넓은 곳 나중에 확인)

시선은 ㉮ → ㉯ → ㉰ → ㉱ → ㉲ 순서로 처리한다. 즉 좁은 곳을 먼저 보고 넓은 곳은 나중에 본다.

㉮를 본 다음 앞을 보고 ㉯를 본 다음 앞을 본다. 사이드 미러가 위험요소 ㉯에 근접했을 때 핸들링하고 다시 ㉰에 근접하면 핸들링하고 다시 ㉱에 근접하면 핸들링해야 후미가 안전하다.

일반 도로에서는 위험요소가 멀리 넓게 있으므로 속도가 빠르고 골목은 위험요소가 가깝고 좁게 있으므로 속도가 느리다. 운전은 위험요소를 회피하는 것이기 때문이다.

7-3. 반대(위험요소)를 보고 앞(방향)을 본다 : (방어운전)

방어운전에 충실한다. 그림처럼 ㉯를 피한 후 재빨리 반대쪽의 ㉰를 확인한다. 간선도로는 먼 곳을 먼저 확인하고 가까운 곳은 나중에 확인하지만 골목에서는 반대로 가까운 장애물을 먼저 피하고 먼 곳은 나중에 피하며 그 장애물 후미가 운전자 사이드 미러에 근접했을 때 핸들링하면서 즉시 반대쪽 장애물을 재빨리 확인해야 다음 동작을 취할 수 있다. 즉 오른쪽이 위험하면 먼저 피한 다음 즉시 왼쪽을 확인한다. 당연히 운전자 차량의 사이드 미러가 위험요소 끝 지점에 근접했을 때 핸들링한다.

특히 미숙련자는 주차된 B 차량에 바짝 붙인 후 핸들을 돌리려고 하는데 이러면 핸들을 많이 돌려야 하기 때문에 진입각이 커지고 사각지대도 커진다.

방향 우선 법칙에 의해 옆 차와 충분한 거리를 유지하면서 핸들부터 돌린 후 주행해야 한다.

8. 각도 우선(주행)

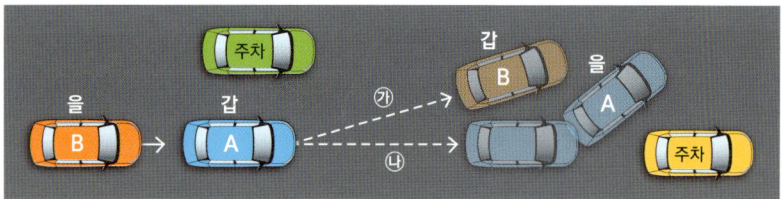

그림에서 A가 선 진입이므로 갑이다. A는 무심코 계속 직진하여 주차된 차량에 바짝 붙은 상태로 더 이상 앞으로 갈 수 없어 할 수 없이 핸들을 돌려야 하는데 이때 진입각이 커지고 사각지대도 커지면서 B의 진입을 볼 수 없게 된다.

만약 추돌사고가 발생하면 B가 갑이다. B는 직선주행이고 A는 핸들을 꺾었기 때문에 B는 피해자, A는 가해자가 된다.

처음에는 A가 갑이었다가 B가 갑이 되는 역전상황이 되는데 미리 각도부터 잡고 주행해야 A가 계속 갑의 상태를 유지할 수 있다.

그림 ㉮와 같이 미리 핸들 각도를 설정하면 핸들을 적게 돌리고도 평행 근사치로 진입할 수 있으며 그림 ㉯ 같이 급격하게 핸들을 돌리면 사각이 커지므로 진입하기 어렵다.

9. 쌍방 간 평행을 유지하라(주행)

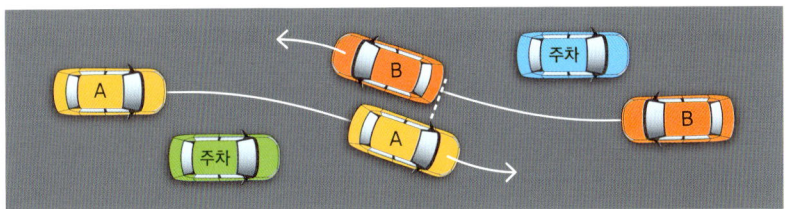

그림처럼 겨우 차가 지나갈 여유 공간뿐일 때는 쌍방 간 서로 비스듬히 평행을 유지하다가 서로가 맞은편 차량 끝 모서리에 운전자의 사이드 미러가 닿았다 싶을 때 서로 방향을 튼다. 그러면 서로 평행을 이루면서 좁은 공간을 빠져나갈 수 있다.

좁은 공간을 최대한 이용하기 위해 위험요소와 평행을 유지한다. 즉 골목은 외길이므로 크게 회전해야 차의 후미가 안전하다.

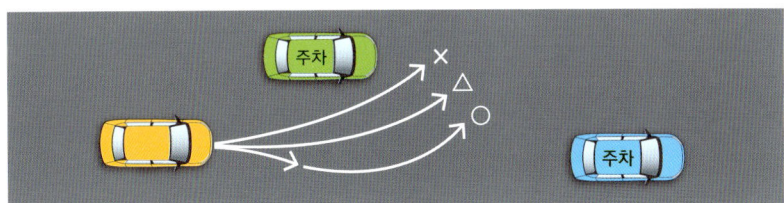

10. 우선순위를 확인한다 (시선처리)

A와 B 중 B가 선 진입이므로 우선권이 있다. 그러나 A1과 B1 중에는 A1이 우선이다. A1은 선 진입이고 직진이기 때문이다. 항상 좌우 후방의 안전 유무를 확인하고 방향 전환을 시도해야 한다.

방향을 전환할 때는 항상 가려는 방향 반대쪽의 위험요소를 확인하고 전방을 주시해야 한다.

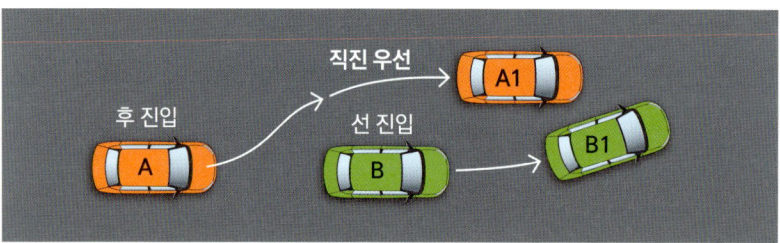

11. 양보의 미덕

맞은편에서 차가 오고 있고 서로 빠져나가기 힘든 경우 후진할 공간이 있거나 뒤쪽에 다른 차가 없는 운전자가 먼저 양보하는 것이 좋다. 만약 두 차량이 같은 조건일 때는 먼저 진입한 차에 양보하는 것이 좋다.

12. 항아리 운전법 (주행법)

골목에서는 돌발상황이 자주 발생하므로 순발력과 유연성, 정교함을 극대화 시키는 최고의 운전 기술은 항아리 운전법이다.

돌발상황 발생 → [순발력 / 유연성 / 정교함] 극대화 → 항아리 운전 → 조건반사 (후천적)

항아리 운전법은 핸들을 돌릴 때 양손을 동시에 올리고 내릴 때도 같이 내리면서 핸들을 항아리 쓰다듬듯 돌리는 기술이다. 가장 정교한 핸들 조작법으로 장애물에 가장 근접한 거리에서 피할 수 있는 최선의 방법이다.

항아리 운전법을 극대화시키면 순발력, 유연성, 정교한 핸들링이 습관화되어 자동적으로 조건반사가 일어난다. 이것이야말로 이른바 '감'이고 '촉'이다.

조건반사를 습관화하기 위해서는 머리로 배우는 지식과 몸으로 익히는 조작기능이 하나로 합쳐져 전문기술이 되어야 한다. 즉 초보운전자는 지식으로 운전하지만 숙련자는 조건반사로 운전한다는 말이다.

13. 페달을 밟을 때 짧게 업다운하라 (주행법)

골목길 운전은 속도가 느리므로 오른발은 감속 페달 위에 있어야 한다. 곳곳에 위험요소가 많아 페달을 길게 밟으면 다음 동작이 용이하지 않고 순발력과 유연성이 떨어져 위험상황에 제대로 대응할 수 없다. 따라서 최대한 짧고 약하게 업다운해야 한다.

그렇게 하면 가다 서다를 짧게 반복하므로 돌발상황이 발생했을 때 위험을 미리 방지하며 주행할 수 있으며 원심력을 제거하여 운전자가 쉽게 신체 균형을 잡을 수 있다.

14. 야간에는 전조등으로 의사 표시하라

야간 시 비켜나갈 공간이 없을 경우, 미리 여유 공간이 있는 곳에 차를 댄 다음 대향차(상대편)가 지나간 후 출발하는 것이 좋다. 이때 전조등을 미등으로 바꿔 양보 의사를 표시하면 서로 간 눈부심을 방지할 수 있을 뿐 아니라 맞은편 차량 역시 안전하게 지나갈 수 있다.

27. 커브길 주행법(코너링)

커브(Curve)는 길이나 선 따위의 굽은 부분을 뜻하며 커브길은 굴곡이 있는 길을 일컫는다. 코너(Corner)는 모퉁이, 구석의 뜻으로 커브보다 더 굽은 것을 말하며 헤쳐나가기 어렵고 곤란한 상태를 말한다.

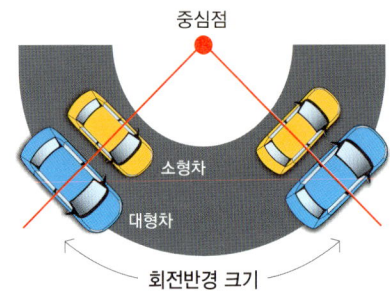

소형차는 회전반경이 작아 작게 회전하고 대형차는 회전반경이 크므로 넓게 회전해야 원심력을 최소화할 수 있다.

1. 커브길 기본 주행법

① 휘어진 도로 안쪽으로 붙여 회전반경이 작게 주행하라(커브길).
② 속도가 느리므로 운전자는 몸을 앞으로 당겨서 앞을 봐라.
③ 커브길을 진입할 때는 천천히, 나올 때는 신속히 빠져나온다. 진입할 때는 원심력을 최소화하고 빠져나올 때는 원래 속도로 복원한다.
④ 커브길에서는 내 차의 보닛 모서리를 휘어진 차선 쪽으로 근접하여 평행하게 주행한다.
⑤ 골목에서 대향차와 마주했을 때 상대 차 보닛 모서리(위험요소)가 내 차의 사이드 미러에 근접했을 때 핸들링해야 내 차의 후미가 안전하다.
⑥ 회전력 = 1 = $\dfrac{분자}{분모}$ = $\dfrac{각도}{속도}$ = $\dfrac{원심력}{구심력}$ = $\dfrac{기술}{기본}$ = 힘의 균형 유지

힘은 항상 1이어야 균형을 이룬다. 즉 회전력이 없어야 가장 이상적이다.

⑦ 전진할 때 : 넓게 회전 → 큰 차, 코너
　　　　　　　좁게 회전 → 작은 차, 커브
　　후진할 때 : 넓게 회전 → ✕
　　　　　　　좁게 회전 : 큰 차, 작은 차, 코너, 커브길

　　회전각의 중심축이 차량 후미에 있기 때문이다.

⑧ 첫째 속도 줄이기, 둘째 각도 줄이기로 원심력을 줄인다.
⑨ 회전력에는 구심력과 원심력이 있다. 구심력은 안쪽으로 회전하려는 힘이고 원심력은 밖으로 회전하려는 힘으로 '구심력 + 원심력 = 0'이다. 따라서 원심력을 최소화하여야 구심력에 의해 차량이 안쪽으로 회전할 수 있다. 소형차는 좁게 회전하고 대형차는 넓게 회전해야 한다.

2. 커브길 종류

2-1. S 자형

① S 자형은 글자 그대로 휘어진 도로이다. 속도가 빠를수록, 도로의 휜 정도가 클수록 원심력이 커지므로 그만큼 안쪽으로 바짝 붙이고, 속도가 느릴수록, 도로의 휜 정도가 적을수록 원심력이 적으므로 적게 붙인다. 그래야 원심력을 최소화해 차량의 쏠림현상을 최소화할 수 있다.
그럼에도 원심력으로 몸의 쏠림현상이 발생한다면 최후 수단으로 감속 페달을 밟아 원심력을 줄여야 한다.
초보운전자는 먼저 속도를 줄인 후 안쪽으로 붙여 주행하되 굴곡의 정점에서는 원래 속도를 복원하기 위해 약하고 짧게 업다운으로 가속하면서 관성을 이용하여 핸들을 푼다.
② 커브길은 사각현상이 심한데 꺾어진 도로 안쪽 차선이 보이지 않기 때문이다. 이때 운전자는 몸을 최대한 앞으로 당겨 가장 가까운 안쪽 차선을 주시해 착시현상을 최소화한다. 즉 커브는 속도가 느리므로 속도가 느릴수록 위험요소를 가까이 본다는 주행법칙에 충실해야 한다.

③ 커브길 진입 시 굴곡이 가장 심한 정점으로부터 20~30m 후방에서 속도를 줄이되, 정점에 다다랐을 때는 원래 속도로 돌아가는 과정이므로 가속 페달을 업다운하면서 가속하고 핸들을 풀면서 주행한다. 즉 이때는 속도가 가장 낮으므로 가속 페달은 짧고 약하게 업다운하고 핸들을 풀어 앞바퀴가 일직선이 되었을 때 길고 세게 업다운한다.

㉮의 경우

이처럼 주행하면 원심력이 극대화되어 심한 경우 차량이 뒤집어질 수 있다. 특히 짐을 실은 화물차의 경우 핸들을 심하게 회전하면 운전석 쪽의 회전력은 작아질 수 있지만 후미는 원심력이 극대화되고 무게 중심이 위쪽에 있으므로 차량이 뒤집어질 수 있다. 가속한 상태에서 핸들을 돌리지 못할 경우 차선을 이탈해 밖으로 튕겨져 나갈 수도 있다.

㉯의 경우

일반적인 주행법이지만 커브길에서는 바람직하지 않다. 이때는 속도를 줄여 원심력을 적게 하고 주행하는 것이 바람직하다. 다만 속도가 느릴 때는 원심력이 작기 때문에 바람직하다고 볼 수 있다.

㉰의 경우

가장 이상적인 주행법이다. 원심력을 최소화하여 운전자의 쏠림현상을 미연에 방지함으로써 운전자의 자세가 안정되고, 주행 각도가 거의 일직선이 되어 주행이 흐르는 물처럼 원활해진다. 즉, 꺾인 쪽으로 붙여 다니고 시선도 안쪽을 본다. 운전자의 자세는 앞으로 숙여 최대한 가까운 속에 시선을 두어야 한다.

2-2. P 자형

꺾인 쪽으로 붙인다. 그림에서 ㉮와 같이 도로 중앙을 가까이 보고 주행할 때 차량의 속도가 빨라서 그 지점을 지나쳐버릴 경우 차선을 이탈하게 된다. 따라서 운전자는 이 탈을 방지하려고 급히 핸들을 꺾는데 이것이 반복되면 지그재그식 주행이 된다. 전형적인 초보운전자의 주행이다. 따라서 도로의 휘어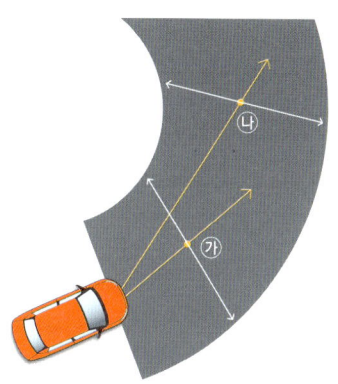
진 안쪽 차선으로 시선을 처리하고 안쪽으로 붙여 주행한다. 결과적으로 원심력이 최소화되어 운전자의 자세가 안정된다.

2-3. 소형차의 P 자형 커브길 주행

소형차는 차체가 짧아 대형차에 비해 원심력이 크지 않기 때문에 지속적으로 회전반경을 짧게 가져가는 것이 좋다. 진입 시 방향은 in-in-in으로 돌며 속도는 slow-in, 탈출 시는 fast-in이다.

계속 안쪽으로 붙여 돌되 진입 시는 속도를 낮추고 정점을 통과하면 속도를 높이는 방식이다. 정점을 통과하는 시점에서 속도가 가장 낮으므로 약하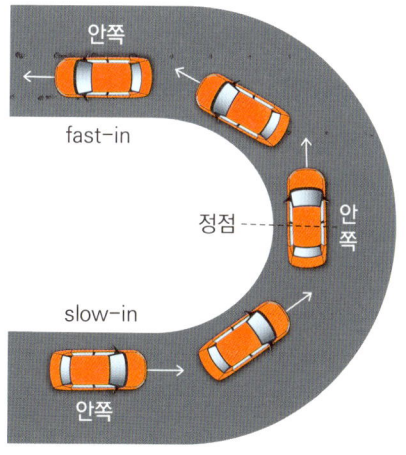
고 짧게 업다운하고 핸들이 정상 위치로 돌아오는 순간 길고 세게 업다운한다.

2-4. 대형차의 P 자형 커브길 주행

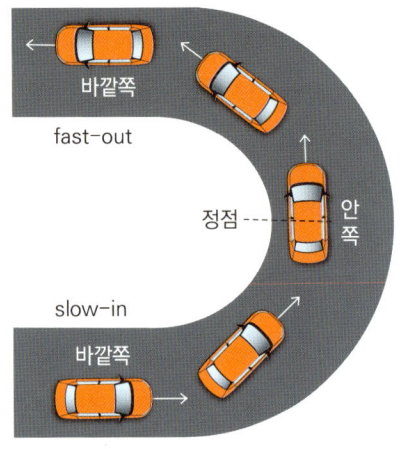

차체가 길어 회전력이 커진 상태에서 화물이나 승객을 실은 차는 무게중심이 위쪽으로 올라간 상태이다. 그러므로 속도에 비해 회전력이 커지면 차가 뒤집어지거나 차선을 이탈할 수 있다.

소형차라도 경주용 차량과 같이 속도가 아주 높을 경우 대형차와 같은 현상이 발생하므로 대형차와 같은 방식으로 주행해야 한다. 대형차는 회전력(원심력)을 줄이기 위해 바깥쪽에서 속도를 줄이면서 안쪽으로 진입하되 정점을 통과한 후부터는 약하고 짧게 업다운하면서 원래 속도로 복원하고 핸들은 정위치로 완전히 푼 후 길고 세게 업다운하면서 바깥쪽으로 가속한다.

2-5. U 자형 커브

① U턴하기 전에는 항상 앞바퀴를 일자로 정렬한다. 가끔 U턴하고자 하는 쪽으로 앞바퀴를 미리 돌려놓는데 옳지 않다. 왜냐하면 미리 핸들을 돌려놓았을 때 운전자가 회전각도를 가늠하지 못하여 운전자가 생각한 방향으로 차가 움직이지 않기 때문이다.
② 신호가 바뀌면 가고자 하는 방향으로 핸들을 돌린 후 액셀은 한 번에 밟지 말고 톡톡 치듯이 짧게 업다운하며 저속으로 주행한다. 운전자는 몸을 앞쪽으로 당겨 전방과 오른쪽 끝 모서리를 주시하면서 U턴한다.
③ 어느 정도 U턴이 되었다 싶을 때, 즉 2/3 정도 돌았을 때까지(통과시점) 감속 페달에 발을 올려놓고 있다가 통과시점을 벗어날 때 약하고 짧게 가속 페

제4장 · 초보 딱지 떼는 운전 기술

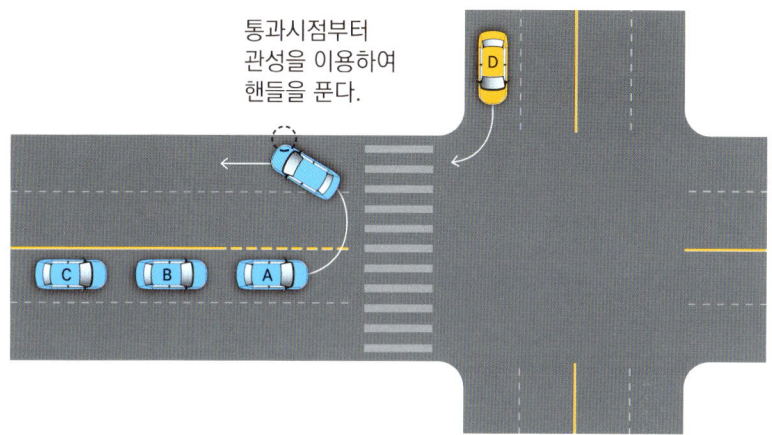

달을 업다운하면서 핸들을 풀어 앞바퀴를 일자로 만든다.

④ 앞바퀴가 일자로 되고 동시에 차량도 도로와 평행이 되었을 때 가속 페달을 세게 업다운하면서 차량 흐름을 따른다.

⑤ 전방에 U턴 표지판과 함께 U턴 시점을 지시해 놓았으므로 지시대로 U턴 해야 한다.

⑥ U턴 시 A → B → C 순서로 회전한다. D는 우회전이기 때문에 진입순위는 마지막이다. 왜냐하면 우회전 차량은 모든 차량에 우선순위를 양보해야 하기 때문이다.

⑦ U턴할 때는 일단 속도가 낮으므로 시선을 가까이 두어야 한다. 가까이 보기 위해서 운전자는 몸을 앞으로 당겨야 한다. 몸을 당기면 앞쪽 근접 거리의 시야를 확보할 수 있고, 출발 시는 가속 페달을 짧게 업다운하면서 U턴 하되 보닛이 모서리를 통과하는 순간, 핸들을 잡고 있는 팔의 힘을 빼면 핸들이 빙글 돌아 앞바퀴가 정렬된다. 만약 핸들이 풀리지 않으면 항아리 운전법으로 푼다.

초보자는 두려워 핸들을 꽉 잡는 경향이 있는데 회전력으로 차가 중앙선 쪽으로 진행하게 되어 위험하다. 따라서 핸들은 느슨하게 잡는 것이 좋다.

2-6. O 자형 커브

대형 빌딩이나 백화점 지하주차장에서 많이 볼 수 있다. 진입로가 외길이며 양쪽이 벽인 경우가 많은데 이때 착시현상을 일으킨다.

착시현상을 최소화하려면 속도가 느릴수록 시선은 가까이 본다는 원칙에 따라 몸을 최대한 앞으로 당겨서 보닛 모서리를 주시하고 안전을 확인하자마자 사이드 미러로 후미가 벽에 닿는지 확인한다. 계속 반복하면서 주행하되 후미가 벽에 근접하면 재빨리 핸들을 풀어 일자로 놓으면 후미가 다시 벌어진다.

벌어진 것을 확인한 후 핸들을 감고 후미가 붙으면 핸들을 풀고 떨어지면 감는 형식으로 보닛과 사이드 미러를 통해 후미를 계속 확인하면서 주행한다. 이때도 회전 중심축이 후미이기 때문에 후미의 차폭이 기준이 된다.

승용차 경우 차량이 왼쪽으로 진입할 때는 보닛 왼쪽 워셔액 분사구를, 오른쪽으로 진입할 때는 보닛 오른쪽 워셔액 분사구를 중앙에 맞추며 코너링하는 방법도 있다. 워셔액 분사구가 없는 차량은 먼저 설명했듯이 휘어진 쪽 보닛 모서리와 안쪽 사이드 미러로 후미가 닿는지 확인하면서 감고 풀기를 반복한다.

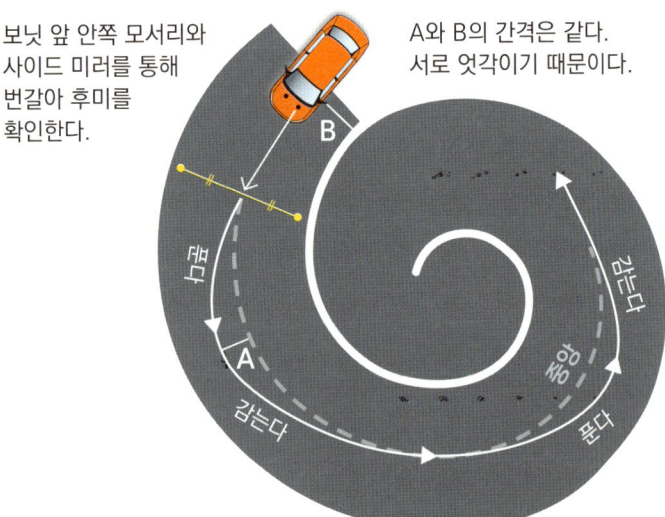

2-7. R(Round)형 커브길

1) 속도

교차로 등 굽은 도로는 모두 라운드 형태이다. 직선도로, 속도가 빠른 도로에서는 가속 페달에 발을 얹은 상태로 주행하지만 코너나 속도가 느린 도로에서는 감속 페달 위에 발을 얹어 감속주행하는 것이 일반적이다.

그리고 커브를 벗어나는 순간 재빨리 핸들을 풀어 앞바퀴

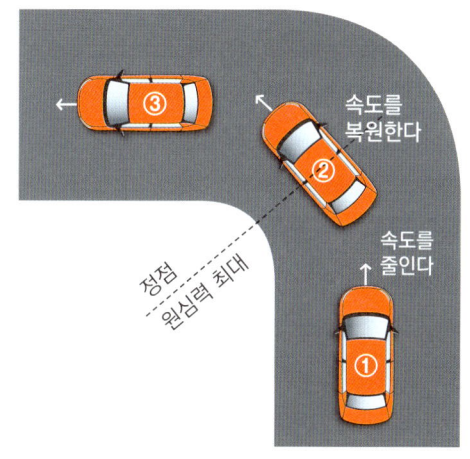

를 일자로 놓은 후 가속 페달을 밟는다. 또는 커브 정점을 벗어나는 순간 가속 페달을 짧고 약하게 업다운하면서 핸들의 관성을 이용하여 풀고 앞바퀴가 일자로 되었을 때 길고 세게 업다운하며 가속한다. 그래야 주행각도와 원심력이 작아져 몸의 쏠림현상을 최소화할 수 있다.

① 위치에서 속도를 줄이다 정점에 이르면 속도가 가장 낮아지며 원심력 역시 최저가 된다. 이때 ②에서 다시 가속하는데 가속 페달을 약하고 짧게 업다운하면 원심력은 없어지고 핸들을 살며시 풀면 앞바퀴는 일자로 정렬된다.

그러나 초보운전자는 두려워서 점진적 가속 업다운을 하지 못하거나 한번에 가속하면서 핸들을 꽉 움켜잡으면 ③ 위치에서 앞바퀴가 왼쪽으로 향하여 차선을 이탈할 수 있어 자칫 사고로 이어질 수 있다.

① 운전자의 시선 : 차의 휘어진 안쪽(왼쪽) 앞 모서리를 확인한 후 안전하다고 판단될 때 휘어진 안쪽(왼쪽) 후미의 안전을 확인한다.

② 차의 경로 : 휘어진 안쪽으로 붙여 원심력을 최소화한다.
③ 위험요소 확인 : 내 차의 휘어진 안쪽 앞뒤 모서리를 확인한다.
④ 운전자의 자세 : 속도가 느리므로 몸을 앞으로 당겨 전방을 최대한 가까이 보되 양쪽 앞 모서리 위주로 확인한다.

2) 각도

원심력을 줄이기 위해서는 속도 줄이기와 각도 줄이기 두 가지 방법이 있다.

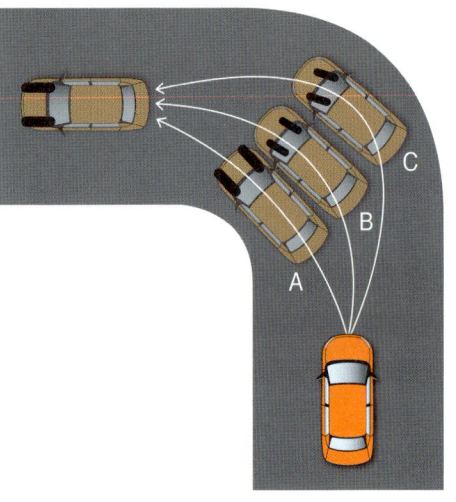

그림에서 보듯이 휘어진 쪽으로 차를 붙여 주행하면 바깥쪽으로 벗어나려는 원심력이 최소화되어 안쪽으로 회전하려는 구심력으로 주행하게 된다. 따라서 승용차나 소형차는 A가 가장 이상적이며, B는 보통, C는 잘못된 주행법이다.

그러나 버스나 트럭 등 회전반경이 큰 차량은 C 방법으로 회전하는 것이 유리하다. 이는 차가 클수록 회전력이 크므로 회전반경도 크게 하는 것이 안전하기 때문이다. 단 큰 차량이 C 경로로 주행하려면 저속주행이어야 한다. 만약 고속으로 주행한다면 '2-4. 대형차의 P 자형 커브' 편을 참조하기 바란다. 이때는 out - in - out 방법이 좋다.

〈이상적인 승용차 코너링〉
① 운전자의 시선 : 시선은 휘어진 도로 안쪽에 둔다.
② 차의 주행 경로 : 좁게 주행한다.
③ 위험요소 확인 : 주행차의 안쪽 앞뒤 모서리를 확인한다.

제4장 · 초보 딱지 떼는 운전 기술

④ 운전자의 자세 : 몸을 당겨 최대한 가까이 시선을 둔다.
⑤ 주로 간선도로 형태가 커브형이다.

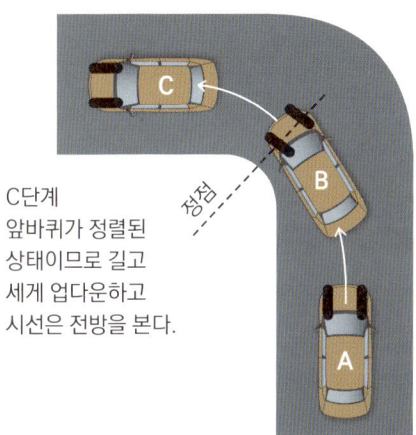

B단계
① 정점에서는 가속 페달을 짧고 약하게 업다운하면서 관성을 이용하여 핸들을 느슨하게 푼다.
② 사이드 미러로 후미를 보면서 후미가 붙는지 확인하고 재빨리 앞을 본다. 즉 내 차의 안쪽 앞뒤 모서리를 확인한다.

A단계
① 시선 : 안쪽을 본다
② 경로 : 좁게 주행한다.
③ 자세 : 몸을 당겨 최대한 가까이 본다.

C단계
앞바퀴가 정렬된 상태이므로 길고 세게 업다운하고 시선은 전방을 본다.

라운드 코너 안쪽으로 붙여 코너링하면 원심력이 최소화되고 정점에서는 관성이 발생하므로 핸들을 느슨하게 풀면서 짧고 약하게 업다운하면 원심력이 최소화되고 속도는 점차 복원된다.

앞바퀴가 일자로 정렬되면 가속 페달을 길고 세게 업다운하면서 정상 주행속도로 복원한다. 일반적인 승용차나 소형차, 속도가 빠른 차량 운전에 적합하다.

〈잘못된 코너링〉

효과적인 코너링이라 할 수 없다. 쏠림현상이 발생하여 운전자의 자세가 흐트러져 몸의 균형을 잃을 수 있다.

단 속도가 느릴 때는 원심력이 작아 그림처럼 도로 중앙으로 주행해도 상관없지만 속도가 빠를 때는 원심력이 커져 바깥쪽으로 이탈할 수 있다. 따라서

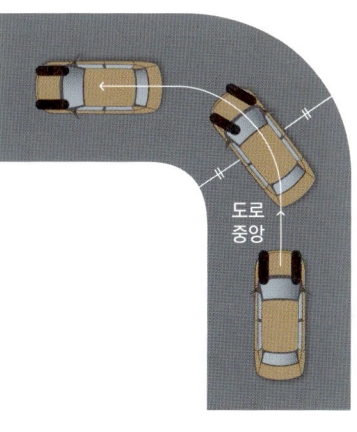

효과적인 주행이라 할 수 없다.

〈위험한 주행〉

회전반경이 너무 커 원심력이 가장 커진 상태인데 이때 핸들을 풀면 경로를 이탈할 수 있고 반대로 핸들을 꽉 잡고 있으면 회전력 크기만큼 안쪽 차선 쪽으로 들이받아 대형사고를 유발할 수 있다.

다만 좁은 외길 골목인 경우 속도가 아주 느려 원심력이 작기 때문에 그림처럼 넓게 주행해도 괜찮다.

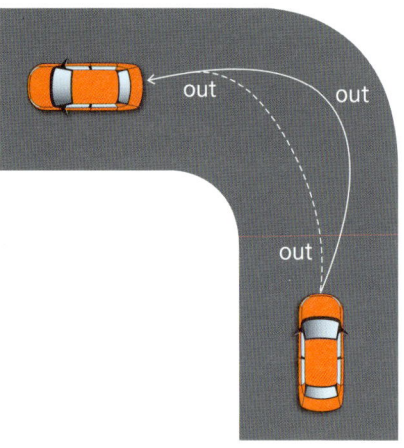

또 버스나 덤프 같은 대형차는 회전반경이 크기 때문에 그림처럼 회전반경을 크게 해야 차의 후미가 안쪽(내경)에 닿지 않는다.

결론적으로 일반적인 승용차는 최악의 주행법이지만 골목길 주행 시 또는 대형차 서행 시 그림처럼 주행하는 것이 유리하다. 다만 대형차는 점선의 out – in – out 방식이 좋다.

28 코너 종류

1. 잘못된 코너링

주로 주차장이나 주택가 좁은 골목에서의 코너링이다.

그림처럼 보닛 모서리가 위험요소에 다다랐을 때 회전하면 앞바퀴는 핸들과 같이 움직이지만 뒷바퀴는 핸들과 연결되지 않아 최단거리로 직진하려는 성질 때문에 차의 후미가 모서리에 걸린다. 따라서 차 앞부분이 위험요소와 일직선상에 있을 때 핸들링해서는 안 된다.

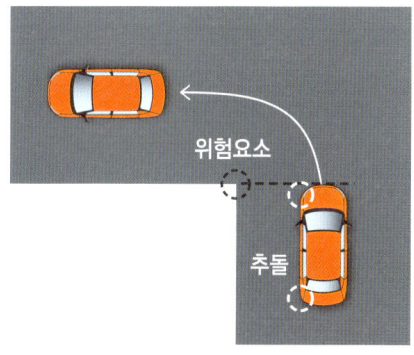

이러한 코너링은 절대로 하지 말아야 한다. 단, 도로가 아주 넓거나 속도가 빠르다면 가능하지만 코너링할 때는 원심력 때문에 속도를 낼 수 없으므로 불가능하다고 할 수 있다.

2. 넓은 도로 또는 정지한 상태에서의 코너링

일반적으로 승용차가 정지한 경우는 운전자의 어깨 또는 차량 중앙 지지대가 위험요소(장애물)와 일직선일 때 핸들링해야 차량 후미가 장애물과 닿지 않는다. 운전자 어깨 부근이나 차의 중앙 지지대가 승용차의 중앙이기 때문이다.

이런 경우
① 한쪽 방향으로만 핸들링하기

② 진입 도로가 넓은 경우
③ 운전자 차량이 멈춘 상태일 때 핸들링하기
④ 그림처럼 왼쪽 위험요소가 운전자 어깨에 다다랐을 때 왼쪽으로 핸들링한다.

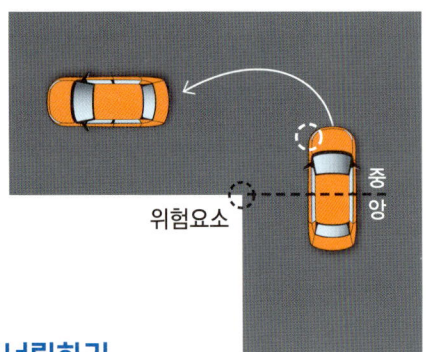

3. 넓은 도로에서 서행하며 코너링하기

서행하면서 차의 사이드 미러가 위험요소에 다다랐을 때 핸들링하면 넓은 도로에서 서행 중일 때 요긴하게 쓰인다.

서행하면서 차의 사이드 미러가 위험요소에 다다랐을 때 핸들링하면 핸들링하는 시간만큼 차가 앞으로 전진하므로 자동적으로 운전자의 어깨가 위험요소 위치에 놓이기 때문이다.

4. 한 면이 협소한 도로에서 서행하며 회전하기

옆 그림 같은 경우가 가장 흔히 발생한다. 차량들이 갓길에 주차되어 도로가 좁아진 형태로 차가 주행 중일 경우, 그림처럼 오른쪽으로 핸들을 돌려 공간을 넓히면서 주행하되 사이드 미러가 위험요소(장애물)에 다다랐을 때부터 안쪽으로 붙이기를 시도한다.

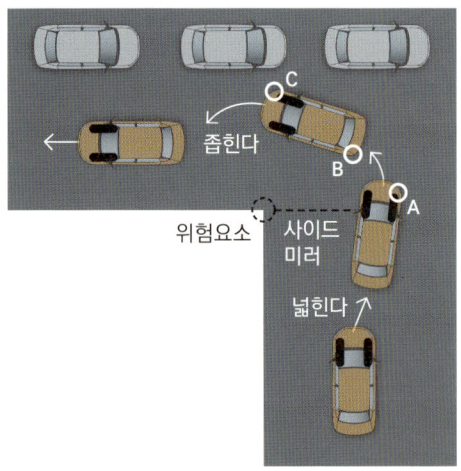

차가 클수록 회전반경을 크게 하면서 서행하면 유리하고 약하고 짧게 업다운 하면서 시선은 A, B, C의 모서리 순으로 위험요소를 회피하고 난 다음 전면을 주시해야 한다.

이는 핸들을 돌리는 시간만큼 차는 앞으로 나아가므로 자동적으로 운전자 어깨와 위험요소와 일치된다. 그래야 차량 후미가 안전하다.

이런 경우 …
① 가고자 하는 도로가 좁은 경우
② 서행하는 차가 클 때
③ 외길(골목길)일 때, 왕복 차선일 때는 남의 차선을 침범할 확률이 높으므로 피하는 것이 좋고 골목길은 단선이므로 반대쪽에서 차가 올 수 없다고 보고 커브길이나 코너길 모두 회전반경을 넓게 잡아 서행하는 것이 좋다.
④ 운전자 차량이 멈추지 않고 서행 중일 경우
⑤ 주로 지하 주차장 진입 시 도로 각도가 90도일 경우
⑥ 회전반경을 크게 가져가기 위해 그림과 같이 핸들을 오른쪽으로 넓혔다가 왼쪽으로 좁혀서 서행한다.

5. 양면이 협소한 도로에서 서행하며 회전하기(작은 차)

그림같이 주위가 온통 주차된 차량으로 둘러싸여 폭이 매우 협소한 곳에서의 코너링이다.

A에서는 서행하면서 원심력을 줄인다.

B에서는 회전하려는 안쪽의 위험요소를 보면서 안쪽으로 돌려 앞바퀴를 최대한 붙인다.

C에서는 더 주행하면 후미가 부딪친다고 느낄 때 핸들을 완전히 풀어 앞바퀴를 일자로 두고 차의 후미가 위험요소를 완전히 벗어날 때까지 앞으로 주행하면서 최소한 운전자의 어깨가 위험요소를 통과할 때까지는 직진으로 서행한다.

D에서는 차량 후미가 위험요소를 통과한 상태이므로 재빨리 차 오른쪽 보닛 끝이 옆에 주차된 차량에서 벗어나는 것을 확인한다.

E에서는 차의 양쪽 대각선이 위험요소로부터 완전히 벗어난 상태로 바로 전방을 주시한다.

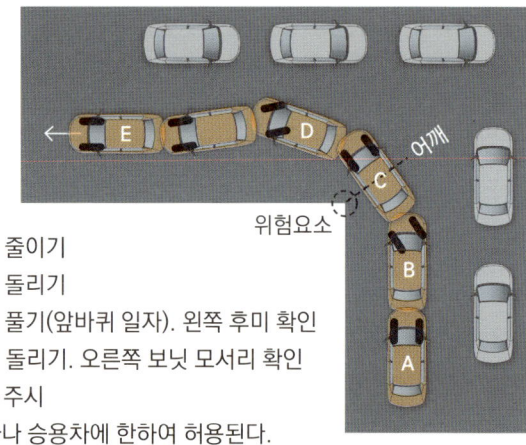

A : 속도 줄이기
B : 핸들 돌리기
C : 핸드 풀기(앞바퀴 일자). 왼쪽 후미 확인
D : 핸들 돌리기. 오른쪽 보닛 모서리 확인
E : 전방 주시
* 소형차나 승용차에 한하여 허용된다.

6. 양면이 협소한 도로에서 서행하며 회전하기(대형차)

양면에 주차된 차량이 있는 협소한 길에서의 대형차 코너링이다.

A에서는 속도를 줄이면서 회전반경을 크게 하기 위하여 오른쪽으로 넓게 서행한다. 이는 원심력을 낮추기 위해 속도를 낮췄고 대형차 후미의 추돌을 미연에 방지하기 위함이다.

B에서는 계속 넓게 서행하되 차의 보닛 오른쪽 모서리를 확인하면서 위험요소와 차의 사이드 미러가 일직선이 되면 핸들을 왼쪽으로 돌려 서행한다. 이때도 마찬가지로 왼쪽 후미 모서리의 안전 유무를 확인 후 바로 전방 보닛 오른쪽 끝 모서리 안전 유무를 확인한다(대각선 확인).

C에서는 마찬가지로 왼쪽 후미 모서리의 안전 유무를 확인한 후 바로 전방 보닛 오른쪽 끝 모서리 안전 유무를 확인한다. 핸들은 이때부터 풀기 시작한다.

D에서는 앞바퀴가 일렬로 정렬되었으므로 전방을 주시하며 길고 세게 가속페달을 업다운하는 것이 좋다

7. ㄱ 자형 회전하기(달팽이 코너링)

그림 같이 바깥쪽으로 회전반경을 크게 하며 서행하되 사이드 미러가 위험요소를 통과할 때 왼쪽으로 핸들을 돌리며 보닛 오른쪽 끝 모서리를 확인한다.

다시 차의 후미 왼쪽 끝 모서리의 위험요소 통과 여부를 확인하고 다시 반대로 차의 앞 보닛 오른쪽 끝 안전 여부를 확인하면서 서행한다.

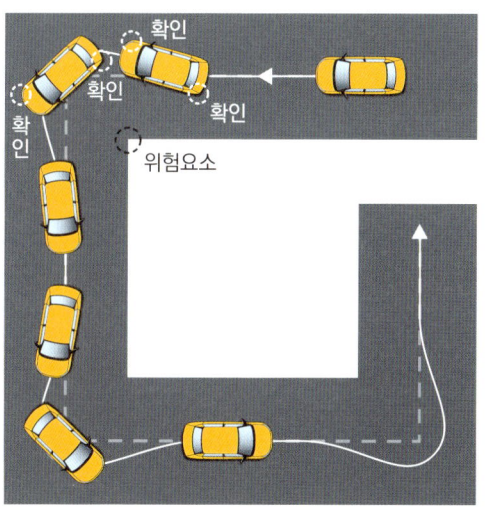

차를 일직선상 정렬시킨다. 이때 운전자는 위험요소의 안전 유무 확인이 어려우므로 몸을 앞으로 당겨 안전 유무를 확인한다.

코너이므로 차량의 대각선상 앞뒤 모서리의 안전 유무를 확인한다.

8. 회전할 때 위험요소와 핸들링 시점

구분	빠른 속도	서행	정지
커브	모서리	사이드 미러	어깨
코너	모서리	넓게/사이드 미러	넓게/어깨

(승용차 기준)

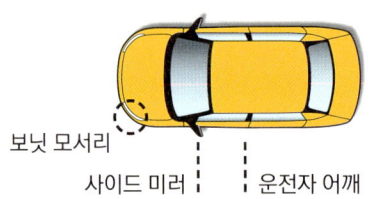

〈회전할 때 위험요소와 핸들링 시점〉

커브길

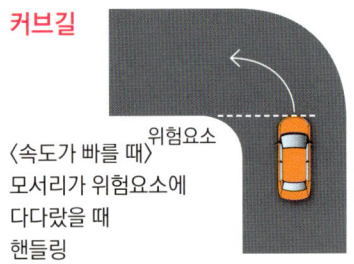

〈속도가 빠를 때〉
모서리가 위험요소에
다다랐을 때
핸들링

〈서행할 때〉
사이드 미러가
위험요소에
다다랐을 때

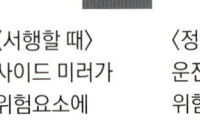

〈정지 상태일 때〉
운전자 어깨가
위험요소에
다다랐을 때

코너길

〈속도가 빠를 때〉
모서리가 위험요소에
다다랐을 때
핸들링

〈서행할 때〉
넓게/사이드 미러

〈정지 상태일 때〉
넓게/어깨

9. 회전할 때 시선처리 방향

① S 자형 : 휘어진 안쪽으로 붙이면서 운전하되 보닛 모서리가 차선에 붙었다고 느낄 때부터 앞바퀴를 일자로 풀고 안쪽으로 시선처리한다.

② P 자형 : 휘어진 안쪽으로 붙이고 풀고 하면서 안쪽 같은 방향 앞뒤로 시선처리한다.

③ U 자형 : 휘어진 바깥쪽으로 넓히고 풀고 하면서 대각선 방향 앞뒤로 시선처리한다.

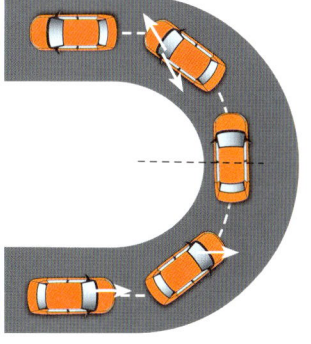

④ 커브달팽이 : 휘어진 안쪽으로 붙이고 풀고 하면서 같은 방향 앞뒤로 시선처리한다.

안쪽 방향
앞뒤 시선처리

⑤ 코너달팽이 : 휘어진 바깥쪽으로 넓히고 풀고 하면서 대각선 방향 앞뒤로 시선처리한다.

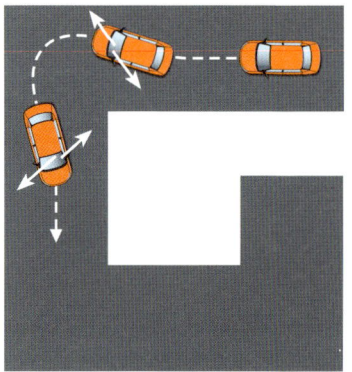

대각선 방향
앞뒤 시선처리

⑥ 라운드 커브 : 휘어진 안쪽으로 붙이고 안쪽 앞뒤 모서리를 확인한다.

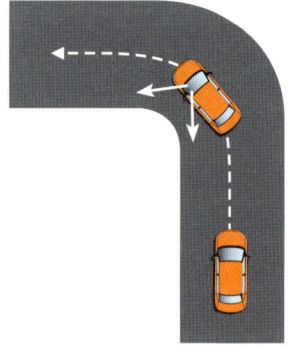

안쪽 방향
앞뒤 시선처리

⑦ 앵글 코너 : 바깥쪽으로 넓히고 풀고 바깥쪽 대각선 앞뒤 모서리를 확인한다.

초보딱지 떼는 **테크니컬 드라이브**

29 고속도로 운전

1. 고속도로의 특징

1-1. 속도가 빠르다

속도에 비례하여 시선을 멀리, 넓게 두어 전방 차량 흐름을 전체적으로 파악하며 안전거리는 빠를수록 멀리 두고 핸들은 될 수 있는 한 적게 틀어야 한다.

1-2. 도로폭이 넓고 신호등이 없다

속도가 빠른 도로일수록 도로폭이 넓고, 느릴수록 도로폭은 좁다. 또한 도로 표시가 적고 단조로워 운전자의 전방 주시 태만을 불러올 수 있다.

1-3. 운전이 단조롭다

운전이 단조롭다 보니 전방 주시 태만이나 졸음운전을 할 수 있으니 졸음이 올 때는 반드시 휴식을 취한다.

2. 고속도로 운전 요령

2-1. 페달 이용법

가속 페달을 밟을 때에는 천천히 지그시 누르다 속도가 빠르다 싶으면 다시 느슨하게 풀어주고 다시 밟는 것을 반복하는 것이 좋다. 이때 수시로 속도계를 확인하여 안전거리를 유지하고 정속주행하는 것이 좋다(길고 세게 업다운).

2-2. 핸들 조작 시 주의사항

속도가 빠를수록 긴장감이 더해져 팔에 힘을 주게 되는데 그럴수록 운전 연속 동작이 원활하지 못하게 되며 긴급상황 시 위기 대처능력이 떨어지는 원인이 된다. 따라서 최대한 팔과 어깨의 힘을 빼고 핸들은 느슨하게 잡는다. 속도가 빠를수록 핸들은 운전자의 생각보다 적게 튼다는 것을 잊지 말아야 한다.

2-3. 충분한 안전거리 확보

고속도로에서는 차량 속도가 빠르기 때문에 안전거리를 충분히 확보한다. 안전거리가 충분하다는 것은 진입각이 작아져서 앞지르기에 좋은 조건이지만 안전운전을 위해 무리한 앞지르기는 자제하는 것이 좋다.

2-4. 차선 변경 방법

차선을 변경할 경우, 중앙선에 가까울수록 추월선이고 바깥일수록 주행선이다. 안전거리가 충분하고 차량도 많지 않을 때 앞지르기한다. 즉 속도가 빠를 때는 앞지르기를 시도하고 느릴 때는 뒤따르기한다.

① 먼저 방향지시등을 켜고 앞차와의 거리를 충분히 유지하면서 가고자 하는 방향 쪽 차선으로 붙인다.
② 룸미러를 통하여 후방의 전체적인 상황을 파악한 후(숲 보기) 사이드 미러를 통하여 옆 차선 차량을 세부적(나뭇가지), 반복적으로 확인하는 것이 중요하다. 룸미러 보고 사이드 미러 보고, 다시 룸미러 보고 사이드 미러를 보면

서 차선을 변경한다.
③ 고속도로는 대부분 속도가 빠르고 안전거리가 충분하기 때문에 뒤따르기 보다는 주로 앞지르기가 유리하다.

2-5. 고속도로에서의 올바른 코너링

속도가 빠를수록 커브가 심할수록 원심력이 커지므로 차를 도로 안쪽으로 붙이고, 속도가 느릴수록 커브가 약할수록 원심력은 적어지므로 적게 붙인다.

2-6. 야간 고속 주행법

야간주행할 때는 시야가 좁아지므로 주간보다 시선을 가까이 두어야 하며 눈에 잘 띄는 흰색 차선 위주로 운전한다. 장시간 운전하면 브레이크 등화등을 차폭등으로 혼동하는 착시가 일어나는데 이를 방지하고자 전방 차량만 주시하지 말고 앞과 옆으로 번갈아 시선처리를 해야 착시현상을 막을 수 있다. 또한 낮보다 충분한 여유를 가지고 다른 차량의 흐름을 확인한다.

2-7. 후방 차량의 불빛에 눈이 부실 경우

후방 차량의 강한 불빛이 운전자 룸미러에 반사되어 눈이 부셔 전방 주시에 어려움이 있을 경우에는 룸미러를 밑으로 하향하여 후방의 반사 불빛을 피한다.

2-8. 고속도로의 노선각도

고속도로는 상하좌우 5도 이상 휘어진 노선각도는 주어지지 않으므로 생각보다 작은 각으로 핸들링하고 시야를 먼 곳에 두어야 차선을 맞출 수 있다. 또한 후방 차량이 경고등을 켤 경우 앞차는 무조건 옆 차선으로 비키는 것이 예의이다.

3. 표지판 보는 법

① 표지판 위쪽에 있는 지명이 멀리 있는 곳이며, 아래쪽인 '판교'가 가까이 있는 지명을 뜻한다.

② 왼쪽에 있는 지명이 멀리, 오른쪽에 있는 '서울'은 가까이 있는 지명이다.

③ 예비 표지판은 밑에 거리 표시가 있지만 본 표지판에는 거리 표시가 없고 바로 그 자리에서 갈라지는 것을 뜻한다.

4. 추월을 허락하는 방법(일반 국도에서)

우측 방향지시등을 켜고 차를 우측 가장자리로 붙이면서 서행하여 뒤 차량에 추월하라는 의사 표시를 한다. 이때 운전자는 전방의 안전 유무를 확인하고 안전이 확보되었을 때 위와 같은 방법을 사용해야 한다.

그렇지 않을 경우 뒤 차량이 추월 시 운전자 앞쪽에서 오는 대향차와 뒤 차량의 정면 충돌을 야기할 수 있기 때문이다. 따라서 뒤쪽 차량이 완전히 앞쪽으로 빠졌을 때 비로소 정위치 운전을 한다.

주로 직선 도로에서 전방 시야가 확보된 상태이므로 추월하는 데 유리하다.

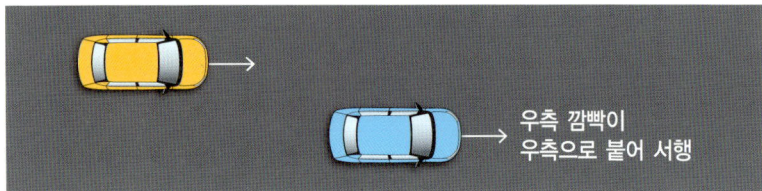

5. 합류지점 통과하기

① 한 대씩 교대로 진입하는 것이 원칙이다.
A → B → C → D 순서로 진입한다.

② 도로폭이 같을 경우는 A → B → C → D 순서로 진입한다.
　큰 도로의 차량 통행을 방해하지 않는 범위에서 안전을 확보하고 진입해야 한다. 큰 도로 우선, 직진 우선 법칙에 따른다.

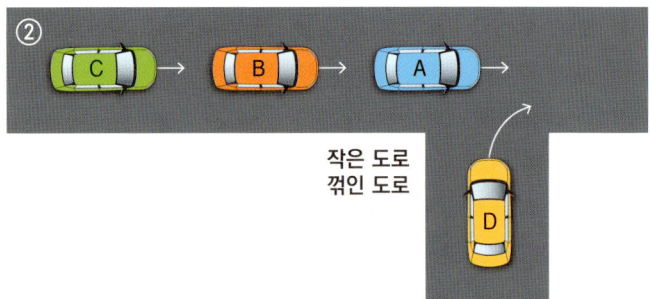

초보딱지 떼는 **테크니컬 드라이브**

30 주차 기본 기술

앞바퀴는 핸들을 이용해 정위치에 맞출 수 있지만 뒷바퀴는 운전자의 의지대로 되지 않아 바른 주차를 하기 어려운 경우가 많다. 또한 주차 환경은 그때그때 다르기 때문에 주차할 때의 운전법도 그에 맞춰 달리 해야 한다.

1. 주차의 목적

주차할 때 뒷바퀴 → 차체 → 앞바퀴 순서로 맞추어야 한다. 만약 하나라도 순서가 바뀌면 절대 제대로 주차할 수 없다.

차가 앞으로 전진할 때는 앞바퀴에 모든 주의력을 집중하지만 주차할 때는 뒷바퀴 맞추기에 주의력을 집중해야 한다. 뒷바퀴는 주차선에서 약 30cm 간격을 두고, 차체는 주차선과 평행이어야 하며, 마지막으로 앞바퀴는 일자(평행)로 정렬해야 한다.

2. 응용기술

2-1. 핸들 방향과 차의 주행 방향은 같다

차는 전진이나 후진할 때 항상 핸들이 돌아가는 방향으로 움직인다. 간단하게 말하면 차는 핸들을 돌리는 방향으로 움직인다.

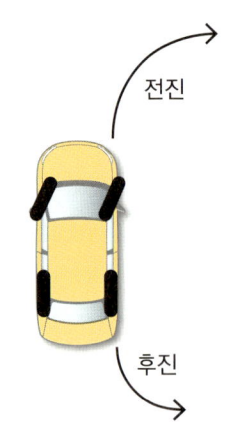
전진
후진

2-2. 회전반경을 크게 하라

주차할 때는 가급적 원을 크게 그린다는 느낌으로 차를 움직여야 한다.

원을 크게 그리면서 서행해야 차의 각도가 작아져 차량 뒷부분이 부딪히는 것을 방지할 수 있다. 왜냐하면 주차장 모서리는 모두 90도이기 때문에 그림에서 보듯이 B 형태로 움직여야 한다.

골목 주행의 'ㄱ' 자 꺾기를 참고하기 바란다.

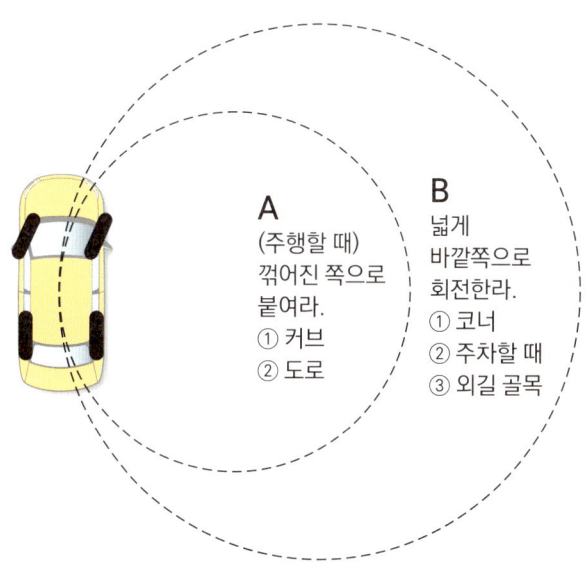

2-3. 차의 앞뒤 방향은 반대이다

그림에서 보듯이 차의 앞바퀴가 오른쪽으로 움직이면 뒷바퀴는 반대 방향인 왼쪽으로 움직인다. 마찬가지로 앞바퀴가 왼쪽으로 움직이면 뒷바퀴는 오른쪽으로 움직이는 것을 알 수 있다.

이는 물리적으로 구동장치가 앞바퀴에 있어 앞바퀴의 힘 작용 법칙에 따라 작용과 반작용 법칙이 적용되기 때문이다. 주차 위치를 수정할 때 이 원리를 이용한다.

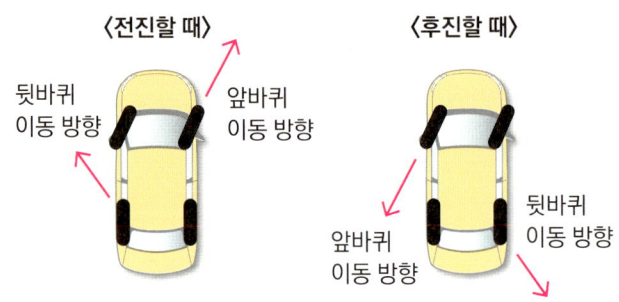

2-4. 원과 직선의 관계

직선 도로는 길게 뻗어 있으므로 차선 변경 시 핸들을 거의 돌리지 않지만 공간이 협소한 곳에서는 최대한 크게 원을 그리면서 공간을 활용하지 않으면 주차가 어렵다. 따라서 직선으로 주행하면서 주차하는 것은 불가능하다.

좁은 공간에서는 원을 그리면서 전진 또는 후진하는 것이 공간을 잘 활용하는 것이다. 직선은 공간을 넓게 차지하지만 원은 최소한의 공간만 차지한다.

2-5. 전·후진 이동방법

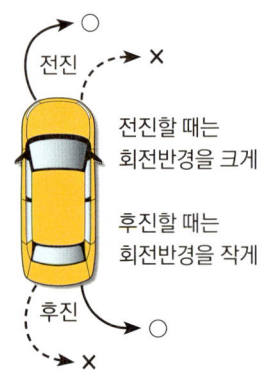

주차할 때는 넓게 선회하면서 전진하고 뒤쪽으로 이동할 때는 회전각도를 좁게 선회하는 것이 유리하다. 앞바퀴는 회전반경이 크고 뒷바퀴는 회전반경이 작은데 회전 중심축이 뒷바퀴이기 때문이다.

31 주차 종류

1. 전면 주차

① 전면 주차는 넓은 곳이나 지상 주차장에서 많이 사용한다. 후면 주차는 배기열에 의한 DRY 효과로 식물들이 말라 죽기 때문이다. 넓은 공간에서는 전면 주차가, 협소한 곳에서는 후면 주차가 유리하다.

② 앞바퀴 차폭이 뒷바퀴 차폭보다 넓어 앞바퀴 쪽은 회전력이 커져 앞쪽으로 빠져나가기 쉽지만 뒷바퀴는 차폭이 좁고 핸들의 앞바퀴와 뒷바퀴의 동선이 길어서 회전에 공간이 더 필요하기 때문이다. 그러므로 전진 주차하기도 어렵고, 빠져나올 때는 후진으로 나와야 되는데 전진으로 빠져나오기보다 같은 조건에서는 약 3배의 어려움을 느끼게 된다.

1-1. 넓은 공간에서의 주차(운동장 주차)

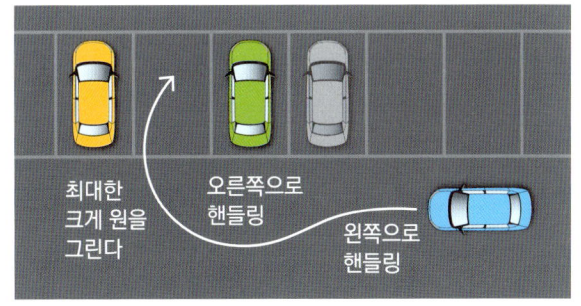

그림처럼 최대한 크게 원을 그리면서 진입하면 한 번에 주차할 수 있다.

앞으로 진행하면서도 항상 뒷바퀴는 주차선과 간격을 30cm 정도 유지해야 한다. 주차 공간이 협소하면 사용할 수 없다.

1-2. 표준 주차

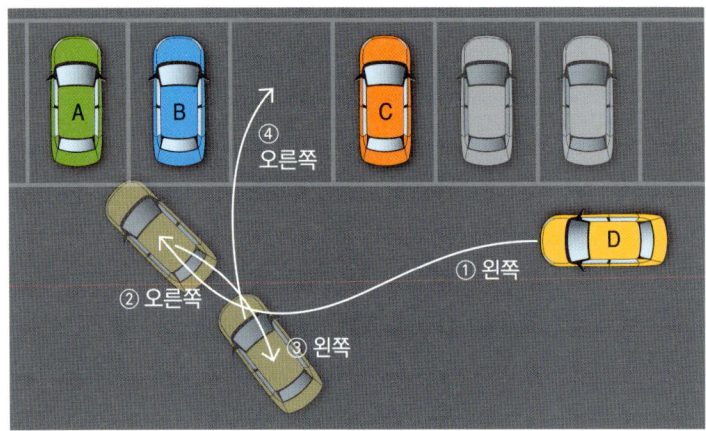

1) 처음에는 ① 방향으로 이동하여 공간을 최대한 확보한다. 가능한 한 원을 크게 그리면 좁은 공간을 활용할 수 있고 진입할 때 유리하다.
2) ② 방향으로 이동하되 역시 원을 크게 그린다. 차가 클수록 원을 크게 그리면서 B의 후미 왼쪽 모서리에 내 차 D의 앞 오른쪽 모서리를 갖다 댄다. 다만 차가 클수록 A쪽으로 더 넓게 이동하고 작을수록 B의 후미 오른쪽으로 붙여도 무방하다.
3) 후진 방향인 ③을 따라 핸들을 최대한 왼쪽(반대편)으로 돌려 후진하되 될수록 후진 거리를 짧게 가져가는 것이 좋다. 후진 거리가 길면 뒤쪽 차량에 부딪칠 수 있기 때문이다. 진입하려는 주차 연장선상에 운전자 차량의 뒷바퀴가 있는 것이 좋다.
4) ④의 동선을 따라 전진한다. 이때 B 차량 쪽으로 차체를 최대한 붙여 원을 크게 그리면서 이동해야 정위치에 도달할 수 있다.
5) 공간이 좁을 때는 표준 주차 방식을 활용하되 ②번과 ③번을 반복적으로 사용해야 좁은 공간에 진입할 수 있다.

2. 후면 주차

2-1. 넓은 공간에서의 주차(운동장 주차)

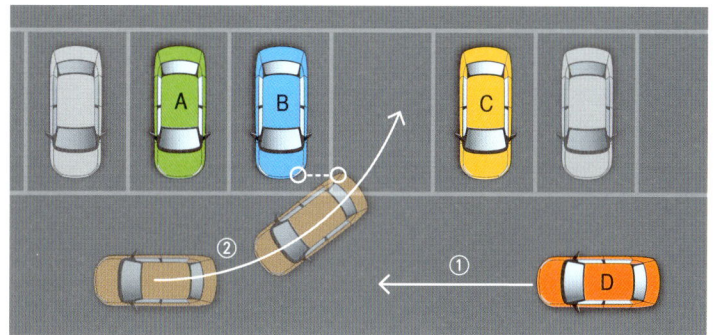

1) 주차 공간이 좁을수록 공간을 확보하기 위해 전진 시는 원을 크게 그리면서 이동하되 후진 시는 진입하는 과정이므로 될 수 있는 한 좁게 이동하는 것이 유리하다.
2) ①에서 ②로 이동할 때는 앞으로 많이 전진 이동하고 주차된 차량 A나 B와 간격을 많이 띄우는 것이 좋다.
3) D 차량은 공간을 확보한 다음 후진으로 빈 주차 공간으로 진입을 시도하는데 D의 후미 오른쪽 모서리가 B 차량 앞 보닛 왼쪽 모서리(위험요소)를 통과하면 즉시 반대쪽 C 차량과의 안전 유무를 살피면서 계속 후진한다.
4) B와 C의 안전 유무를 확인하면 뒷바퀴 → 차체 → 앞바퀴 순서대로 맞추어 나간다.
5) 이때 차량이 클수록 D 차량은 옆 차량 A, B와 간격을 많이 넓히고 더 앞으로 전진하고 후진하여 진입을 시도하는 것이 유리하다.

2-2. 표준 주차

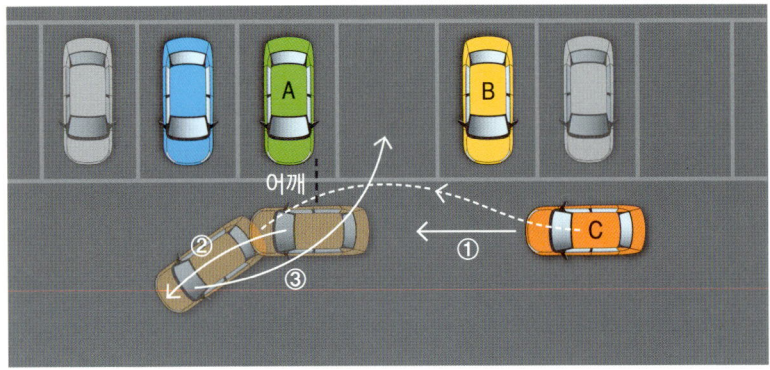

1) C는 ① 방향으로 직진해 A 차량의 끝 모서리(기준 = 위험요소)를 운전자 어깨에 맞춘 상태에서 A와 간격을 1m 이내로 유지한 후 핸들을 왼쪽으로 최대한 돌려 ② 방향으로 전진한다.
2) A의 보닛 왼쪽 모서리(기준점)가 사이드 미러를 통해 보일 때 정지하고 핸들은 반대 방향인 오른쪽으로 끝까지 돌린 후 ③ 방향으로 이동한다.
3) 후진 방향인 ③을 따라 이동 시 A 차량이 부딪힐 우려가 있다면 핸들(앞바퀴)을 일직선으로 놓는다(내경 수정).
4) C의 후미가 A를 통과하면 다시 핸들을 정위치인 오른쪽으로 돌린 후 뒷바퀴, 차체, 앞바퀴 순서대로 맞춘다.
5) 만약 후진 시 B와 부딪힐 우려가 있다면 핸들을 반대 방향으로 돌린 후 다시 전진한다(외경 수정). 이때 뒷바퀴가 주차선과 30cm 이격 거리가 되면 다시 후진 기어로 바꾼 후 핸들을 반대로 다 돌려 후진하되 차체 간격이 30cm 정도 되고 차체가 주차선과 평행이면 앞바퀴를 일직선이 되게 한 후 그대로 후진한다.
6) 숙달된 운전자는 점선을 따라 진행하며 사이드 미러상에서 A의 끝 모서리가 보일 때 ③번 같은 방법으로 주차한다.

2-3. 좁은 공간의 주차

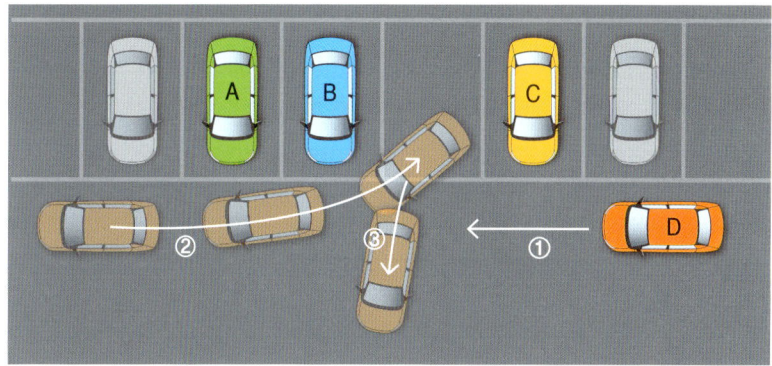

1) 진입하려는 도로 폭이 겨우 차 한 대 지나갈 수 있는 조건에서는 D를 A쪽으로 최대한 접근시키고 주차 공간보다 최소 2칸 이상 지나가서 멈추어야 한다. 앞으로 많이 나아갈수록 후미 진입 각도가 작아져 좁은 주차공간 활용에 유리하기 때문이다.
2) 후진으로 진입하되 B 차량 보닛 끝 모서리에 최대한 가까이 붙인다.
3) D의 후미가 B의 보닛 끝 모서리를 통과하되 닿을 것 같으면 핸들을 풀고(앞바퀴 일자) 차량 사이의 간격을 유지하면서 계속 후진한다(내경 위험 수정).
4) B를 통과하자마자 C를 주시하며 진입을 시도한다. 이때 C와 닿을 것 같으면 다시 전진기어로 바꾼 후 핸들을 반대로 돌려 전진한다(외경 위험 수정).
이와 같이 전진 후진을 반복하고 그에 따른 핸들 방향을 반대로 돌리면 아무리 좁은 공간이라도 주차할 수 있다.
5) 뒷바퀴 → 차 → 앞바퀴를 일직선으로 놓은 후 차량과 차량 사이를 정렬시킨 후 후진한다. 이때 뒷바퀴와 주차선 간격은 30cm, 차체는 주차선과 평행, 앞바퀴도 평행이어야 한다.

3. 측면 주차

3-1. 넓은 주차(운동장 주차)

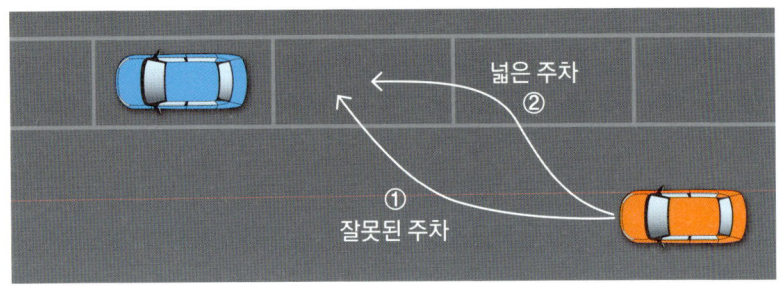

1) 최대한 원을 크게 그리면서 진입한다.
2) 차량을 최대한 오른쪽 끝쪽에 붙였다고 생각되면 재빨리 핸들을 반대 방향으로 돌려 계속 전진한다. 이때 뒷부분이 앞부분과 일직선이 되어 있음을 알 수 있다. 즉, 핸들의 방향 전환을 항상 2번씩 해야 차가 일직선상에 놓이게 된다(진입 후 수정 원리와 같다).
3) 그림에서 보듯이 ① 형태로는 주차할 수 없고 부득이 진입하였다면 몇 번이고 수정해야 하는 상황이 발생할 수 있다. 따라서 ②의 동선을 따라가야 차의 뒷부분이 안으로 들어옴으로써 차량이 일직선상에 놓이게 된다.
4) 주차 수정은 전진으로 방향 전환 2번 또는 후진으로 2번 방향 전환한다.

3-2. 표준 주차

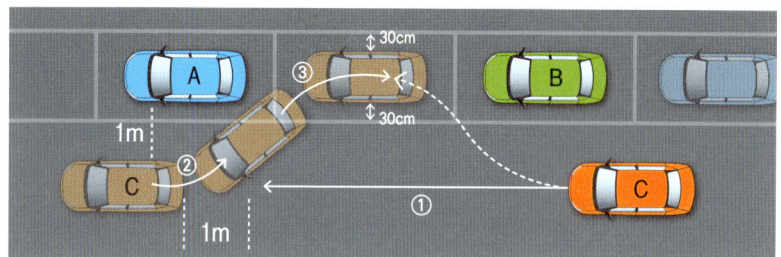

1) ① 방향으로 진행하되 A 차량과 1m 정도 간격을 둔 상태까지 직진하며 A의 사이드 미러에 자신의 어깨를 맞추면 A보다 1m가량 앞으로 나아간 상태가 된다. A보다 C가 1m 정도 나아가면 가장 좁은 공간을 활용해서 진입하는데 최적화된 상태라 할 수 있다.
2) ② 방향으로 이동하기 위해서 레버를 후진 상태로 놓은 후 핸들을 오른쪽으로 한 바퀴 돌려 후진한다.
3) C의 후미 끝 모서리가 A의 후미 왼쪽 끝 모서리를 통과하였다면 바로 뒤쪽 상황을 확인해야 되고, 후진 시 A의 후미 왼쪽 끝 모서리와 C의 보닛 앞 오른쪽 모서리가 부딪칠 우려가 있다면 C의 앞바퀴를 일직선으로 수정하고 그 상태로 후진한다.
4) C가 A의 후미 왼쪽 끝 모서리를 통과한 것을 확인하고 다시 핸들을 반대 방향인 왼쪽으로 최대한 돌린 후 계속 후진하되 A와 C, B가 일직선으로 평행을 유지하면 마지막으로 핸들을 정위치한다.
5) 점선처럼 원을 그리면서 진행하되 그림과 마찬가지로 3대 차량이 일직선 상에 놓이면 핸들을 정위치하고 만약 일직선상 위치가 안 되었을 경우, 즉 뒷바퀴가 주차선 바깥쪽에 이탈해 있으면 수정을 통하여 보완한다(고수 주차법).

3-3. 좁은 공간의 주차 (개구리 주차)

1) 좁은 주차 ①

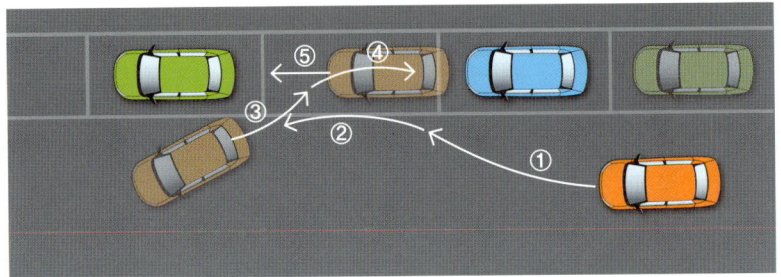

그림과 같은 순서로 진입하되 한 번에 주차할 수 없으므로 차 후미부터 주차 칸에 넣어놓고 방향을 바꾸면서 전진 2번, 후진을 2번 반복하여 수정하되 일직 선상에 놓였다고 판단되면 앞차, 뒤차와 정렬하고 간격도 맞춘다(진입 후 수정법).

2) 좁은 주차 ②

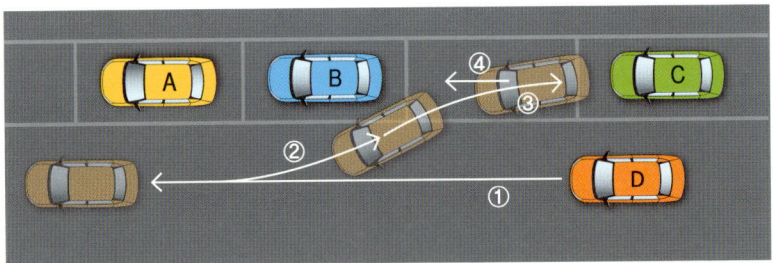

먼저 그림처럼 앞으로 최대한 많이 간다. 왜냐하면 앞으로 많이 갈수록 후진 할 때 핸들의 회전각이 작아지므로 핸들을 조금만 돌려도 쉽게 진입할 수 있어 근접한 차량의 영향을 덜 받기 때문이다.

따라서 D는 2칸 이상 A 앞으로 전진한 후 ② 방향으로 후진하면 핸들을 조금 만 돌리고도 B의 후미 모서리에 최대로 접근할 수 있다.

제5장 · 초보운전자를 위한 주차의 A to Z

그림처럼 핸들을 왼쪽으로 돌려 ③ 방향으로 끝까지 후진한 후 주차선상과의 간격을 30cm 맞춘다. ④ 방향으로 전진하여 정렬한다.

4. 사선 주차

4-1. 넓은 주차

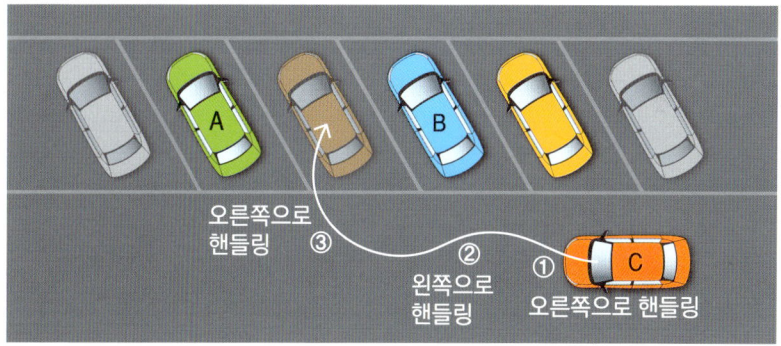

1) 그림처럼 ①은 주차선에 바짝 붙여 전진한다. 이는 C의 후미 공간 확보가 목적이다. 다시 ② 방향으로 원을 그리며 C 앞부분 공간을 충분히 확보한다. 목적한 장소로 최대한 원을 크고 넓게 ③과 같이 진입하면서 후미가 주차선과 이격 거리 30m가 되도록 맞춘다. 또는 ②와 ③ 방법으로도 유용하게 쓰인다.
주의할 점은 될 수 있는 한 A쪽으로 붙이면서 서행해야 C의 뒷부분이 정위치에 놓일 수 있다는 점이다.
2) 빠질 때는 원을 작게 그리면서 후진하며 빠진다. 만약 옆 차와 일직선으로 빠지기를 시도할 경우 운전자 차량 후미가 뒤에 주차된 차량과 부딪칠 우려가 있다.

4-2. 표준 주차

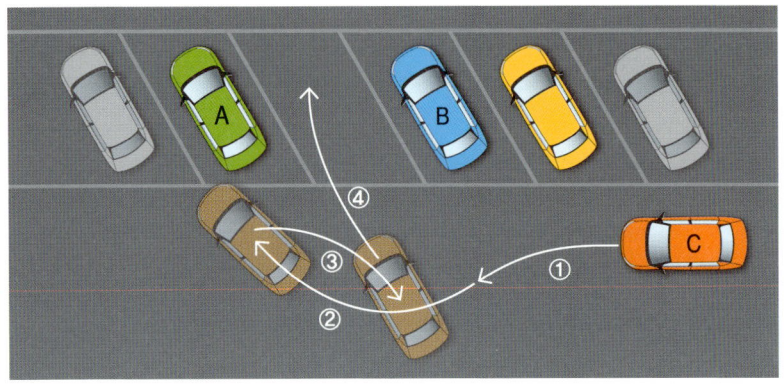

1) 그림에서 보듯이 핸들을 왼쪽(①)으로 돌려 반대쪽 공간을 확보한 후 오른쪽(②)으로 핸들을 돌려 공간을 최대한 활용하면서 넓게 전진하여 A의 후미 왼쪽 모서리와 C의 보닛 오른쪽 모서리에 최대한 접근시킨다(전진 2번).
2) 다시 C의 레버를 변경하고 핸들은 반대로 왼쪽으로 돌린 후 후진(③)한다. 이때 앞차 A의 후미 범퍼 하단 부위가 보이면 멈춘다.
3) 또다시 C의 레버를 전진 방향으로 변경하고 핸들은 반대인 오른쪽으로 돌린 후 전진하되 A쪽으로 붙이면서 전진(④)한다. 이는 C의 후미가 B와 충분한 간격을 유지하기 위함이다.
4) C의 후미가 주차선과 30cm 떨어졌다고 판단되면 차체가 주차선과 평행이 되게 하고 마지막으로 앞바퀴를 평행으로 정렬하여 마무리한다.

5. 전면 주차 방식과 후면 주차 방식은 같다

그림에서 보는 것처럼 주차 방식이 같다. 단 전면 주차는 ④ 과정이 하나 더 있을 뿐이다.

전면 주차는 시간도 많이 걸릴 뿐 아니라 주차하기도 어렵고 빠져나오기도 힘들다. 운전자들이 시간도 절약되고 주차하기도 쉬우며 빠져나오기도 쉬운 후면 주차를 선호하는 것은 당연하다.

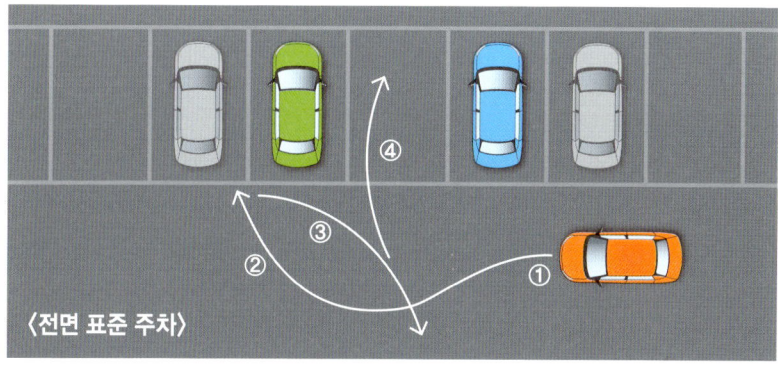

〈전면 표준 주차〉

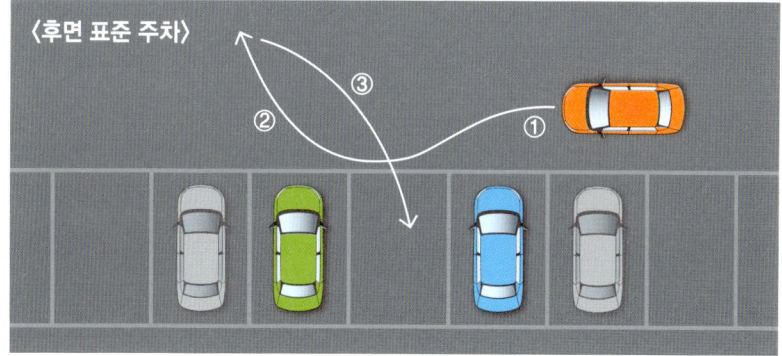

〈후면 표준 주차〉

6. 주차 수정 방법과 측면 주차는 같은 방식이다

6-1. 일반적인 주차 수정

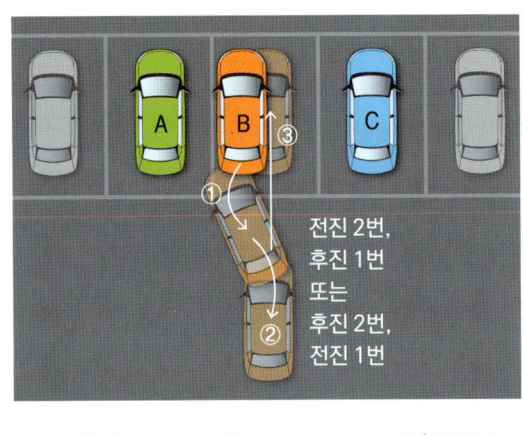

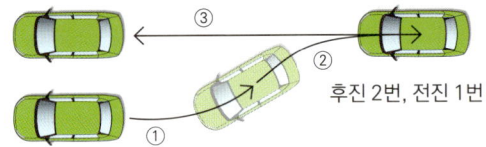

6-2. 측면 주차 수정법

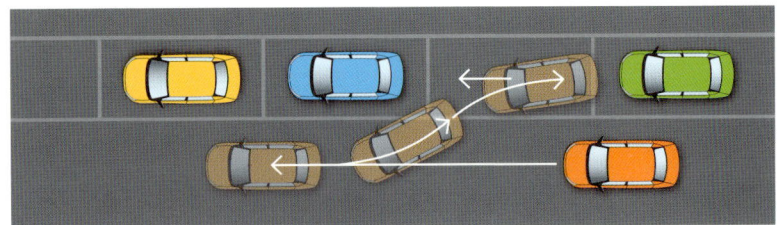

두 그림에서 보듯이 주차 수정과 측면 주차는 똑같이 2번 후진한다.

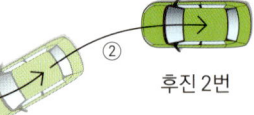

32. 주차 수정

1. 전면 주차 수정

1-1. 진입 후 수정 : 후진 2번, 전진 1번

1) A와 C 사이에 주차하였는데 A 쪽으로 치우쳤다면 수정하여 정중앙에 정렬하는 방법이다.
2) 기어를 후진으로 놓고 핸들을 오른쪽으로 돌린 후 가고자 하는 만큼 가고 다시 핸들을 반대쪽인 왼쪽으로 돌려 한 번 더 후진한다.

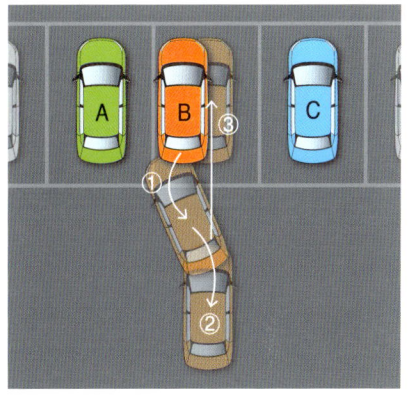

3) 후진하면서 창문을 열고 땅을 볼 때 차량과 주차선이 일직선(평행)으로 놓이면 마지막으로 앞바퀴를 일직선으로 정렬한 후 기어를 전진으로 놓고 그대로 진입한다.
4) 보통 초보운전자는 한 번만 후진하고 다시 기어를 바꿔 전진하는데 이렇게 되면 계속 꼬여 나중에는 차를 움직일 수 없어 낭패를 볼 수 있다.

1-2. 진입 후 수정 : 후진 2번, 전진 1번

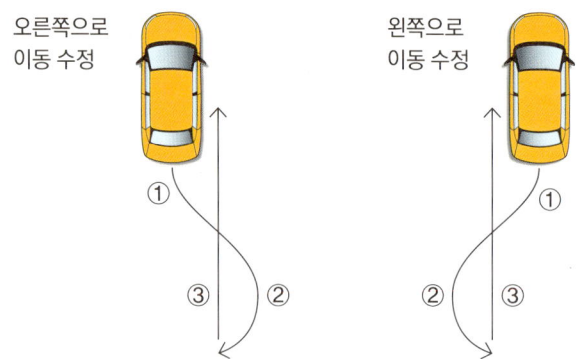

2. 후면 주차 수정

2-1. 진입 후 수정 : 전진 2번, 후진 1번

1) 그림에서 보듯이 B 차량이 A 쪽으로 치우쳐 있는 상태라 C 쪽으로 이동하는 작업이다.
2) B의 핸들을 오른쪽으로 돌린 후 전진하여 가고자 하는 만큼 간 후 핸들을 왼쪽으로 돌려 다시 한 번 전진하되 차체가 주차선과 나란히 되었을 시 핸들을 바로 하고 후진하여 정렬한다.

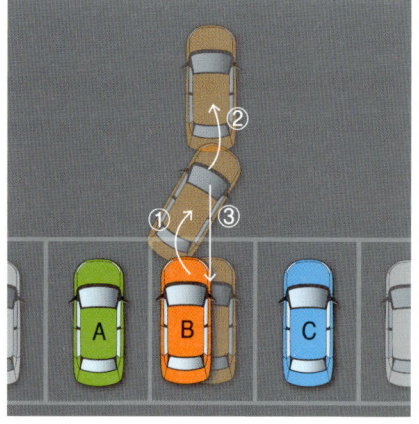

제5장 · 초보운전자를 위한 주차의 A to Z

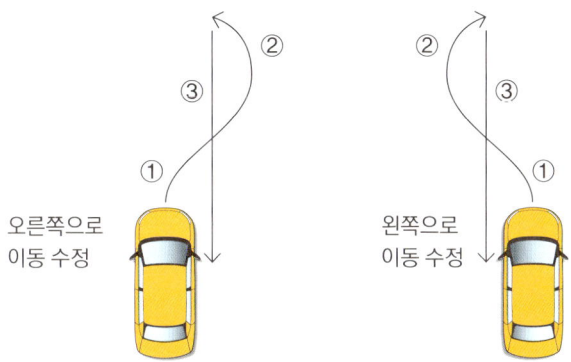

2-2. 내경 수정(안쪽 위험요소)

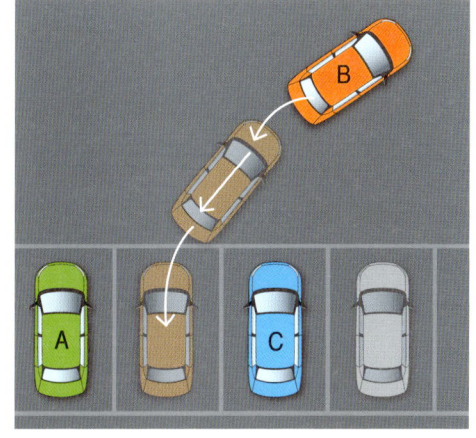

B는 기어를 후진으로 놓고 핸들은 오른쪽으로 돌린 후 후진하되 B와 C가 부딪치려고 할 때 핸들을 풀어 앞바퀴를 일직선으로 놓으면 C와의 간격은 일정하게 유지된다.

B의 후미 모서리가 C의 왼쪽 앞 모서리를 통과하였다면 핸들을 다시 원상태인 오른쪽으로 되돌려놓은 후 후진하여 옆 차선과 평행이 될 때 핸들을 풀어 앞바퀴를 일자로 놓는다.

그리고 또다시 후진하다가 옆 차량의 사이드 미러와 운전자 사이드 미러가 일직선일 때 주차를 마무리한다.

〈왼쪽 안쪽 위험요소 수정〉

왼쪽으로 후진 → 핸들을 푼다(일직선) → 위험요소 제거 후 → 왼쪽으로 후진

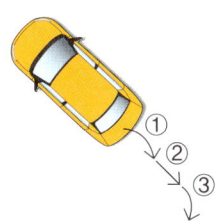

〈오른쪽 바깥쪽 위험요소 수정〉

오른쪽으로 후진 → 핸들을 푼다(일직선) → 위험요소 제거 후 → 오른쪽으로 후진

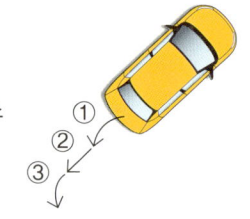

2-3. 외경 수정(바깥쪽 위험요소)

그림처럼 A와 B가 부딪칠 우려가 있으면 어쩔 수 없이 전진하되 핸들을 반대쪽인 왼쪽으로 돌려 차량을 주차선과 30cm 간격을 맞춘다. 앞뒤 방향은 반대를 응용한다.

주차선과 차체가 평행을 이루는지 살핀 뒤 마지막으로 앞바퀴를 정렬한 후 후진한다.

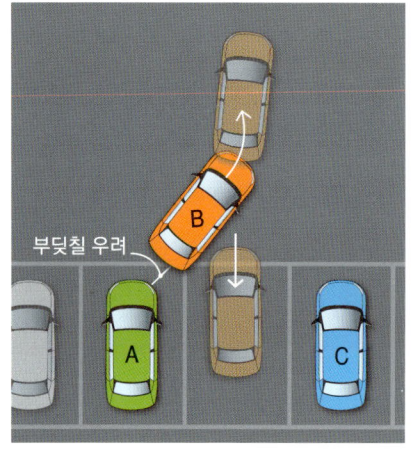

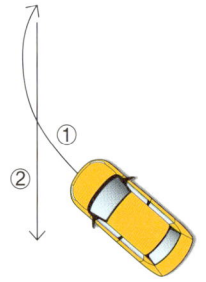

〈오른쪽이 위험할 때〉
오른쪽으로 전진하여 정렬 후 후진

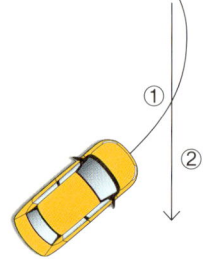

〈왼쪽이 위험할 때〉
왼쪽으로 전진하여 정렬 후 후진

3. 측면 주차 수정

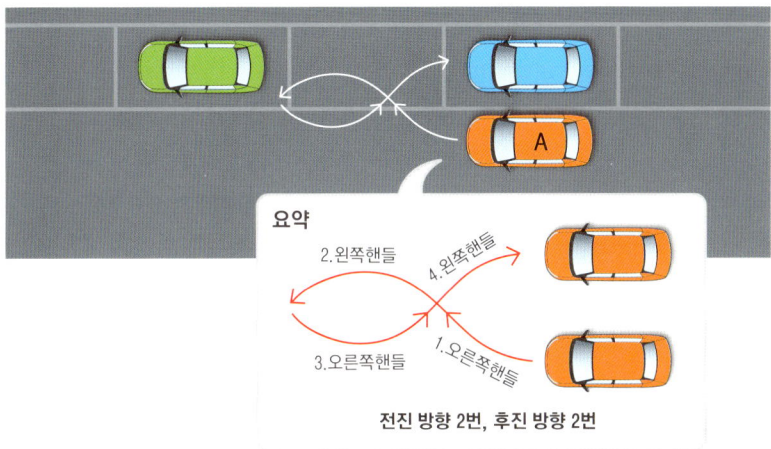

그림과 같이 A가 약간 옆으로 나온 상태이다. 이의 수정은 핸들 방향을 오른쪽으로 한 번 전진, 반대 방향인 왼쪽으로 또 한 번 전진, 즉 전진 방향 전환을 2번씩 하며, 다시 후미 공간을 이용하여 오른쪽으로 한 번 후진, 왼쪽으로 또 한 번 후진, 즉 후진 방향 전환을 2번씩 하여 진입한다.

때때로 초보운전자는 수정할 때 주행도로까지 나와서 다시 수정 진입을 시도하는데 이는 다른 차량의 주행을 방해하는 것으로 아주 잘못된 방법이다.

즉, 앞으로 2번, 뒤로 2번씩 하면 주차 정렬이 바로 된 것을 알 수 있다. 앞으로 전진 2번, 뒤로 후진 2번씩 하면 주차 정렬이 바로 된 것이다.

〈요 약〉

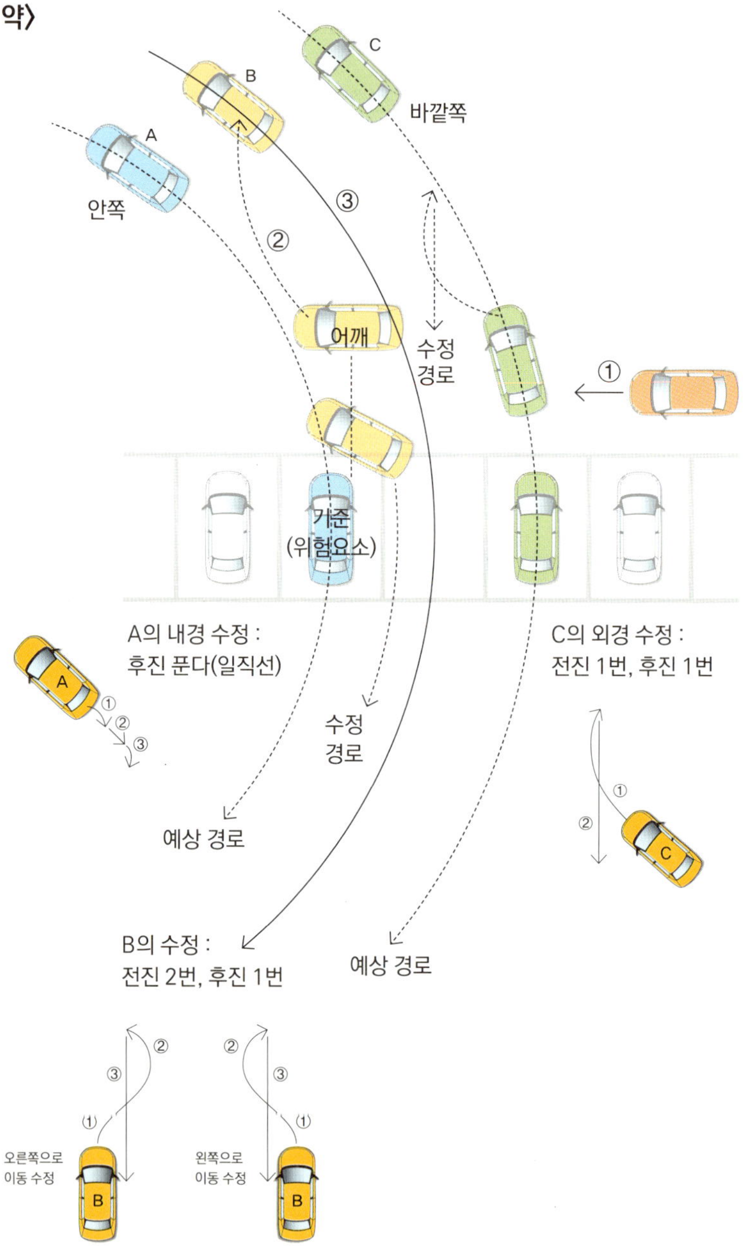
C
B
바깥쪽
A
안쪽
③
②
수정
경로
①
어깨
기준
(위험요소)
A의 내경 수정 :
후진 푼다(일직선)
C의 외경 수정 :
전진 1번, 후진 1번
A
① ② ③
수정
경로
① ②
C
예상 경로
B의 수정 :
전진 2번, 후진 1번
예상 경로
② ③ ①
오른쪽으로
이동 수정
B
② ③ ①
왼쪽으로
이동 수정
B

33 주차장 빠져나가기

- 기본 원리 1 : 전진할 때는 회전각을 크게 하라.
- 기본 원리 2 : 후진할 때는 회전각을 작게 하라.

1. 전면 주차했을 때

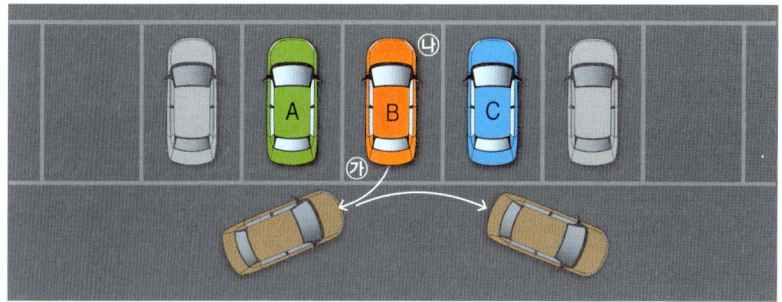

그림에서 보듯이 A쪽으로 붙여 될 수 있는 한 원을 좁게 그리면서 후진한다. 이때 운전자는 차의 양쪽 대각선상의 위험요소 ㉮와 ㉯를 확인한다. 만약 ㉮와 ㉯가 다른 차량과 부딪칠 우려가 있으면 핸들을 일자로 풀고 후진하되 위험요소를 벗어났다고 판단되면 원래대로 왼쪽으로 핸들을 감고 후진한다.

후진할 때 A와 B는 평행선상에 위치하기 때문에 부딪칠 염려는 없다. ㉮의 이상 유무를 확인하자마자 ㉯의 이상 유무를 확인하고 원을 그리면서 후진한다.

(원을 그린다는 것은 공간을 가장 좁게 이용하는 것을 의미하며 결국은 좁은 공간 탈출에 유리하다.)

㉯와 주차된 차량 C가 닿을 것 같으면 핸들을 일자(앞바퀴 일자)로 놓고 계속 후진하다 어느 정도 간격이 되었다 싶을 때 계속 원을 그리면서 후진하고, 주차된 차량 C의 뒤범퍼 밑부분이 보일 때 멈추고 다시 기어를 전진으로 넣은 후 핸들

을 되감아 앞으로 빠져나간다.

　초보자는 일직선으로 빠져나올 때 뒤공간이 좁으면 여러 번 전진·후진을 반복해야 하는 번거로움이 발생한다.

2. 후면 주차했을 때

2-1. 앞쪽 공간이 넓고 차가 정지되어 있을 경우

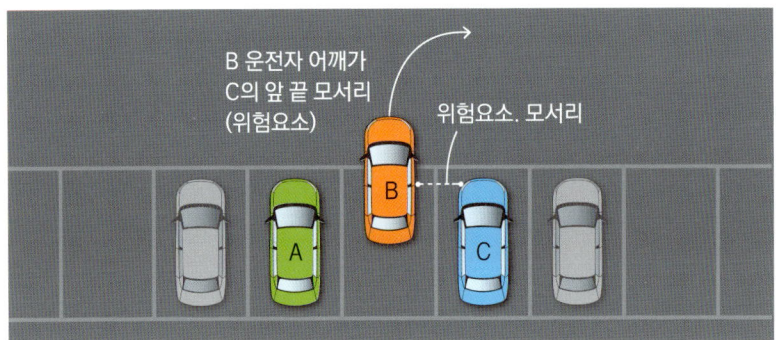

　이때는 B 차량 운전자 어깨가 C 차량의 위험요소인 모서리에 다다랐을 때 또는 B의 중앙 지지대가 C의 위험요소인 모서리에 다다랐을 때 핸들링하면 B 차량의 후미가 C 차량에 부딪치지 않고 무난히 빠져나올 수 있다.

　이런 경우는 앞이 훤히 트여 있을 때와 B 차량이 정지해서 핸들링할 때이다.

2-2. 차가 움직이는 경우, 일반적일 때

　가장 일반적으로 사용되는 방법으로 주로 B 차량 사이드 미러가 C의 앞 모서리에 도달했을 때부터 핸들링하는 것이다.

제5장 · 초보운전자를 위한 주차의 A to Z

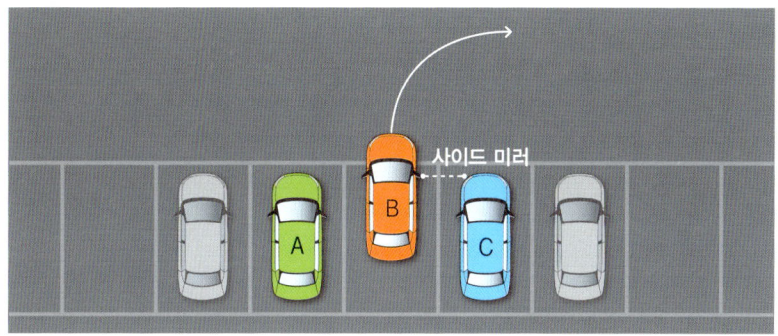

 핸들을 돌리는 시간만큼 차는 움직이기 때문에 속도와 각도의 밸런스가 이루어져 C의 끝 모서리와 B 차량 운전자 어깨가 자동적으로 맞아떨어진다.

2-3. 차가 크거나 앞쪽 공간 혹은 측면 공간 등이 좁을 경우

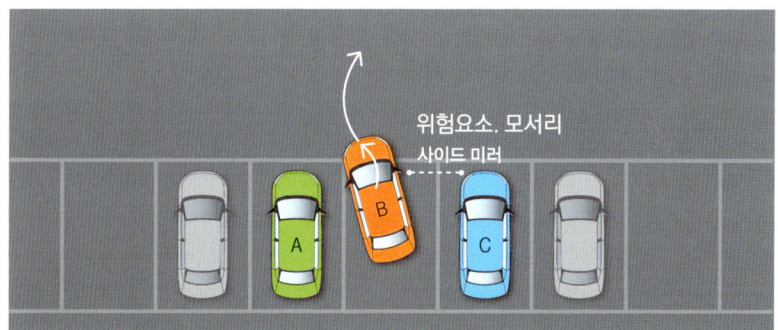

 그림처럼 가고자 하는 반대쪽으로 핸들을 틀어 공간을 넓게 돌아 B 차량의 후미가 주차된 차량 C의 모서리에 부딪치는 것을 방지하기 위해 공간을 넓힌 후, B의 사이드 미러가 C의 모서리에 도달할 즈음, 핸들을 오른쪽으로 다 돌려야만 앞쪽 공간도 최소화되어 빠져나갈 수 있다.

초보딱지 떼는 **테크니컬 드라이브**

주로 차가 크거나 앞쪽, 옆쪽 공간이 협소할 때 유용하게 쓰인다. 대표적으로 버스가 U턴할 때이다. 만약 그래도 C와 부딪칠 우려가 있으면 B의 앞바퀴를 일자로 풀고 그대로 전진하여 차량 후미가 C의 모서리를 통과한 것을 확인하고 핸들을 오른쪽으로 다시 돌린다.

3. 측면 주차했을 경우

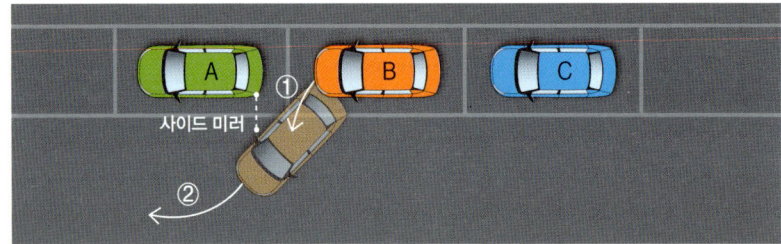

1) 위 그림처럼 빠져나가려면 한 번에 빠져나가기 쉽지 않다. 따라서 B 차량 운전자는 핸들을 왼쪽으로 다 돌린 후 전진하되 A 후미와 B의 사이드 미러가 일치되었을 때 핸들을 오른쪽으로 돌리면서 차량 후미가 A와 접촉되는지 사이드 미러로 확인하고 안전하면 그대로 서행한다.
그러나 후미가 모서리에 닿을 것 같으면 즉시 핸들을 일자로 풀고 앞으로 서행하여 후미가 완전히 빠져나왔는지 안전을 확인한 후 핸들을 오른쪽으로 돌려 정렬한다.
2) ②처럼 하였음에도 A 후미를 빠져나올 수 없을 때는 후진기어를 넣은 다음 핸들은 일자로 푼 상태에서 그대로 후진한다. 이렇게 전방의 공간을 확보한 후 이 공간을 이용하여 다시 전진하고 핸들을 왼쪽으로 돌려 원을 크게 하고 최대한 공간을 넓게 하며 오른쪽으로 돌려 전진하면 후미가 안전하게 벗어날 수 있다.

3) 초보운전자는 후진 놓고 반대 방향으로 핸들링한 후 후진하는 경우가 있는데 잘못하면 운전자의 차량 옆 부분이 A 후미와 접촉할 수 있다. 이런 실수를 범해서는 안 된다.

4. 사선 주차했을 경우

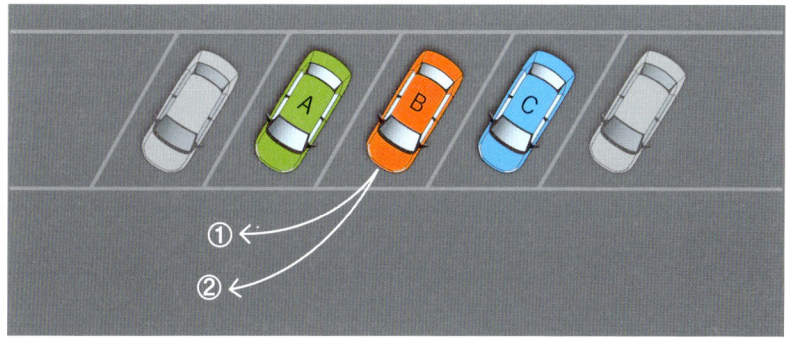

B가 크면 클수록 원을 작게 그리면서 ① 형태로 빠져나가는 것이 유리하다. 그러나 크지 않다면 ② 방법도 무난하다. 다만 A와 부딪칠 경우 B는 핸들을 일자로 풀고 후진한 다음, 후미가 A의 모서리를 통과한 것을 확인한 후 다시 핸들을 원래대로 왼쪽으로 돌리는 것을 잊지 말아야 한다.

후진은 항상 좁게 하는 것이 유리하다. 왜냐하면 회전축의 중심이 후미에 있기 때문이다.

초보딱지 떼는 테크니컬 드라이브

34 경사진 도로(언덕길)에서의 주차

차량 앞바퀴를 인도 쪽으로 돌려놓은 상태로 주차한다.

만약 사이드 브레이크나 주차 브레이크가 풀렸을 경우 차가 앞으로 전진하거나 후진하여도 바퀴가 인도 경계석(연석)에 걸려 정지한다.

그러나 차량의 바퀴가 차도 쪽으로 향할 경우 경사면의 탄력에 의해 가속도가 붙어 반대쪽 인도를 뛰어넘는 경우가 있어 위험할 수 있다.

1. 오르막길

1-1. 수동

① 클러치와 감속 페달을 밟고 정지한다.
② 기어를 중립에 놓는다.
③ 사이드 브레이크를 올린다.
④ 핸들을 인도 쪽으로 완전히 돌린다.
⑤ 기어를 1단에 놓는다.
⑥ 시동을 끈다.
⑦ 클러치에서 발을 뗀다.
⑧ 마지막으로 감속 페달에서 발을 뗀다.

1-2. 오토

① 감속 페달을 밟고 정지한다.

② 기어를 주차 브레이크에 놓는다.
③ 핸들을 인도 쪽으로 돌린다.
④ 사이드 브레이크를 채운다.
⑤ 마지막으로 시동을 끈다.

2. 내리막길

2-1. 수동

① 클러치와 감속 페달을 밟고 정지한다.
② 기어를 중립에 놓는다.
③ 사이드 브레이크를 올린다.
④ 핸들을 인도 쪽으로 완전히 돌린다.
⑤ 기어를 후진으로 변속한다.
⑥ 시동을 끈다.
⑦ 클러치에서 발을 뗀다.
⑧ 마지막으로 감속 페달에서 발을 뗀다.

2-2. 오토

① 감속 페달을 밟고 정지한다.
② 기어를 주차 브레이크에 놓는다.
③ 핸들을 인도 쪽으로 돌린다.
④ 사이드 브레이크를 채운다.
⑤ 마지막으로 시동을 끈다.

초보딱지 떼는 **테크니컬 드라이브**

35 경사면에서 차가 미끄러질 때

  뉴스에서 가끔 보는데 경사면에 주차 시 기어를 중립으로 놓으면 차량은 중력에 의해 서서히 미끄러지게 된다. 이런 경우 초보자는 당황하여 차를 운전자 손으로 떠받치게 된다. 차의 무게가 1톤 이상인데 아무리 서서히 움직인다고 해도 한 사람의 힘만으로는 차를 멈추기 힘들다.

  운전자는 즉시 차 앞문을 열고 기어를 P 위치로 조작하여 차를 멈춘다. 서서히 움직이기 때문에 차를 정지시킬 수 있다고 생각하면 절대 안 된다.

36. 도로 위에 정차하는 방법

1) 우측 깜빡이 또는 비상등을 켠다.

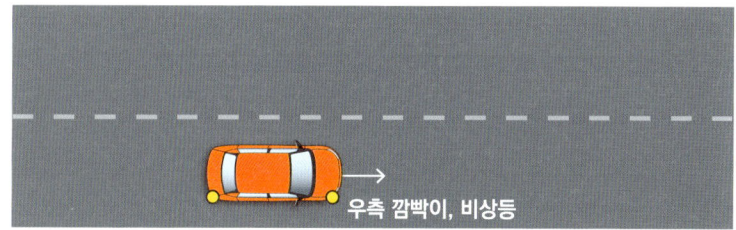

이럴 경우 우측 깜빡이를 넣어도 우측 차로가 없기 때문에 뒤차는 정차하려는 줄 알 수 있다. 비상등은 뜻 그대로 정차할 수 있는 등화이다.

2) 아래 같은 경우는 반드시 비상등을 켠다. 우측 깜빡이를 켤 경우, 상대 차량들이 우회전 차량으로 오인할 수 있다. 코너와 최소한 10m 이상 거리를 두어야 한다. 그렇지 않으면 상대 차량의 우회전이 어려워진다.

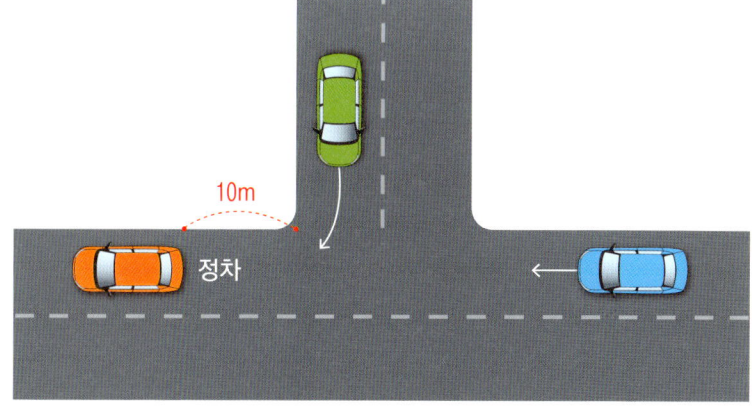

37. 방어 운전법

1. 방어운전 종류

1-1. 소극적 방어운전

- 스스로 위험요소를 피하는 행위, 양보운전, 회피운전

다른 차량이 있든 없든 주위 환경에 따라 적절히 안전을 도모하는 안전운전과 달리 위험요소가 될 수 있는 상대가 있을 때 운전자가 그 위험요소를 회피하는 행위이다. 즉, 운전자인 내가 도망가고 회피하는 행위이다(도망, 양보, 회피).

1-2. 적극적 방어운전

- 상대방을 위험요소로부터 피하게 만드는 행위, 인지운전, 공격운전

운전자가 위험요소로부터 회피하는 것이 아니라 상대방이 위험요소로부터 회피하게 만드는 것으로 '공격은 최선의 방어'란 격언을 따르면 된다. 쉽게 말하면 상대에게 위험을 인지시켜서 상대방에게 나의 의사를 확실하게 각인시켜 회피하게 만드는 방법이다(겁, 인지, 공격).

주로 택시가 이런 방법을 사용한다.

1-3. 상대가 있으면 방어운전, 없으면 안전운전!

위험요소 인지 → 위험요소 판단 → 위험요소 회피 조작 → 안전 확인
  (시각 : 눈)   (지식 : 머리)   (행동 : 조작)   (시각 : 눈)

2. 단계별 방어운전 순서

2-1. 주변 환경 살피기 : 시야 확보 및 처리

신호등, 표지판, 각종 도로 부대시설, 사람과 다른 차량의 움직임 등을 살피며 위험요소를 예측하고 어떻게 대처해야 할지 미리 생각한다.

2-2. 위험요소 인지 · 판단

위험요소로 판단되는 운전자의 차량을 예의 주시하며 자신의 존재를 상대방에게 인지시킨다. 상황에 따라 상대 운전자에게 경고등, 경적음 등을 이용해 나의 존재를 적극적으로 알린다.

2-3. 위험요소 대처

위험요소에 점점 가까워지면 가속 페달, 감속 페달, 핸들 등을 조작하여 위험 상황에서 벗어날 수 있는 회피 수단을 모색한다.

2-4. 습관적인 반복 행동으로 위험 발생 시 조건반사 행동하기

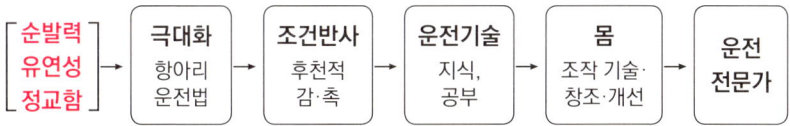

운전자가 항아리 운전법을 활용하여 순발력과 유연성, 정교함을 극대화시키면 자연적으로 몸에서 조건반사가 일어난다. 이 조건반사가 '감'이고 '촉'이다. 감과 촉이 있어야 운전을 잘할 수 있다.

그러나 조건반사가 일어난다고 운전을 잘한다고 볼 수는 없다. 운전을 잘하려

초보딱지 떼는 **테크니컬 드라이브**

면 우선 공부하여 풍부한 운전 지식을 습득하고 이 지식을 이용한 반복적 조작 행위를 통하여 운전기술이 향상될 수 있다.

3. 기본적인 방어운전 요령 : 위험 인지 → 회피

1) 대로 우선, 직진 우선, 정지한 차, 선 진입한 차에 우선적으로 시선처리를 한다. 언제나 우선순위 차량을 회피하는 것이 방어운전이다.
2) 사각지대가 나타났을 때 속도를 줄이거나 최악의 경우 정지해서라도 사각지대의 안전 유무를 충분히 파악한 후 판단하여 회피한다. 회피가 완료되면 본래 속도로 돌아와 가고자 하는 방향으로 시선을 처리한다.
3) 수단으로는 운전자가 가고자 하는 방향의 '반대쪽' 안전을 우선 살피고, 안전하다고 판단되면 가고자 하는 방향으로 진입한다.
4) 조건반사 운전을 생활화하여 순발력과 유연성을 극대화시켜 위험요소로부터 재빨리 회피해야 한다(위험요소 먼저 보고 방향은 나중에 본다).
5) 조건반사 운전을 습관화하여 순발력과 유연성, 정교함을 극대화시켜 위험요소가 나타났을 때 신속히 회피한다.

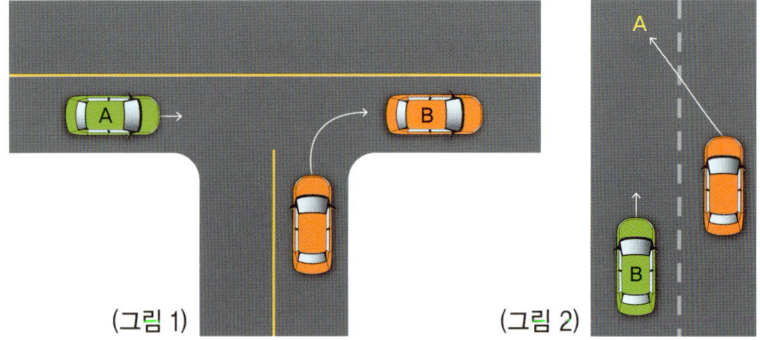

(그림 1)   (그림 2)

(그림 1) 운전자가 B쪽으로 가고자 할 때 반대쪽에서 접근하는 A가 안전해야 B쪽으로 진입할 수 있다(위험요소 먼저 보고 방향을 본다).

제6장 · 기본 지식과 응급조치 요령

(그림 2) 운전자가 A쪽으로 가고자 할 때 뒤에서 접근하는 B 차량이 안전해야 운전자가 진입할 수 있다.

4. 2차선 도로에서 택시와 함께 주행할 때의 방어운전
(앞차와 충분한 간격 벌리기)

1) 택시는 급정지하거나 차선에 바짝 붙여 주행하는 경우가 많으므로 함께 주행할 때는 거리를 충분히 두어 제동 거리를 확보한다.
2) A, B가 택시를 피해 회피지점으로 이동할 때 먼저 C의 위치를 확인한다.
3) A는 택시와 거리가 짧으므로 진입각이 커져 회피지점으로 차선 변경 시 불리하다. B는 거리가 길어 진입각이 작기 때문에 차선 변경에 유리하다. 따라서 A는 택시가 급정거 시 추돌할 염려가 있고 C와의 사각지대가 커서 C의 위치 확인이 어렵다. 하지만 B는 C의 위치를 쉽게 확인할 수 있다. 즉 A는 감속하여 택시와 안전거리를 충분히 유지하고 C를 확인한 후 차선을 변경해야 안전하지만 B는 택시와 충분한 안전거리가 유지되므로 여유 있게 C를 확인하면서 차선을 변경할 수 있어 B가 방어운전에 유리하다.

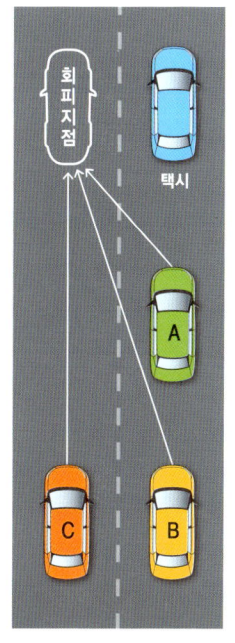

5. 좁은 골목에서의 방어운전

1) A가 반대쪽에서 접근할 때 B는 ㉠를 따라 운전하는 경우가 많다. 주로 초보운전자들이 선택하는 방법인데 이 경우 B의 차량 후미와 충돌할 우려가 있다.

2) B는 ㉯ 동선으로 진로를 변경해야 A의 진입 공간 확보를 돕고, 자신의 차량 후미가 추돌하는 위험을 방지할 수 있다.

즉 B는 오른쪽으로 핸들링하여 앞쪽 공간을 확보하고 다시 왼쪽으로 핸들링하여 후미의 공간을 확보한다.

원을 크게 그리며 2번 방향 전환을 하면서 진입하는 주차 수정 방법과 같다는 것을 알 수 있다.

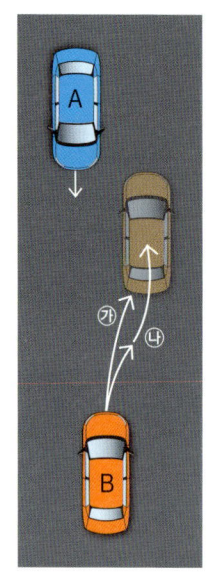

6. 후방차 추돌 위험 방어운전

A가 신호대기로 정차 중인데 C가 B를 추돌하는 상황을 가정해 보자.

B는 A와 추돌을 피하려고 감속 페달을 밟는다. 하지만 이 방법은 B 자신의 충격을 증폭시키는 결과를 초래할 수 있다. 그러므로 B는 느슨하게 감속 페달을 밟아야 C와의 추돌로 인한 충격을 완화할 수 있다.

만약 B가 정지해 있을 경우 C의 추돌을 일부분은 B가 받고 B는 밀려서 A와 추돌한다면 밀리는 힘 일부는 A에게 작용할 것이다. 따라서 C의 추돌의 힘을 A와 B로 분산시키는 효과를 볼 수 있다.

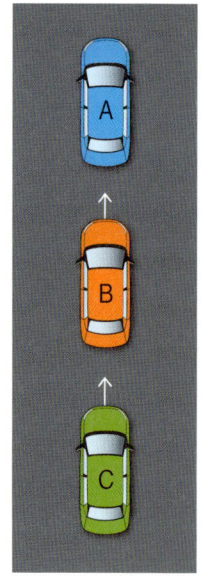

38 시선처리 방법

전방의 전체적인 시야 확보와 주변을 확인한 후 차량 진입은 주행의 기본 3원칙이다. 이의 근간을 이루는 것이 바로 시선처리이다. 즉 운전자가 어떻게 시선을 처리하느냐에 따라 운전의 성공 여부가 결정된다.

시선처리 → 머리로 인지·판단 → 몸으로 반복적인 조작 행위 → 습관화 → 조건반사를 통한 무의식으로 운전하기의 습득과정에서 첫 단계인 시선처리가 미흡하면 후속수단은 모두 무용지물이 될 것이다. 따라서 첫 단계인 시선처리가 가장 중요하다고 할 수 있다.

1. 속도(거리)에 따른 시선처리

1-1. 먼 곳 먼저 보고 가까운 곳은 나중에 보고 (도로에서)

멀리 있는 신호등, 표지판 등을 먼저 살피고 도로 위의 화살표 등 도로 상황 전체를 파악한 후 앞에 있는 차와 옆 차량을 보는 방식이다. 이는 먼 곳의 상황을 미리 인지하여 예방조치를 취함으로써 사전에 급정거를 예방할 수 있다.

반대로 가까운 것을 먼저 보고 멀리 있는 신호등을 나중에 본다면 앞차의 움직임을 그대로 따라할 수밖에 없다. 이것이 급정거 원인이 되어 뒤차와 추돌할 수 있으니 주의한다.

초보딱지 떼는 **테크니컬 드라이브**

1-2. 위험요소 먼저 본 다음 방향 보고

속도가 빠를수록 멀리 본 다음 가까운 곳을 보고, 속도가 느릴수록 가까운 곳을 먼저 본 다음 멀리 본다. 이는 속도에 따라 위험요소 위치가 다르게 변하기 때문이다.

속도가 빠를수록 도로폭은 좁게 느껴지고 위험요소도 멀리 있고, 속도가 느릴수록 도로폭은 넓게 느껴지고 위험요소는 가까이 있기 때문이다. 이것이 운전의 기본이다.

① 앞차의 후미를 보고 거리를 측정하고 옆 차의 앞바퀴를 보고 옆 차의 진입 여부를 예측하고 내 차의 모서리와 상대방과 비교 측정하여 안전거리 여부를 확인할 수 있다.
② 운전자는 한 곳에만 시선을 두지 말고 전방에 시선을 중점적으로 두되 전반적으로 넓게 보고 가까운 위험요소를 먼저 살피고 멀리 있는 위험요소는 나중에 살피되 자주 짧게 반복하며 시선처리 한다.

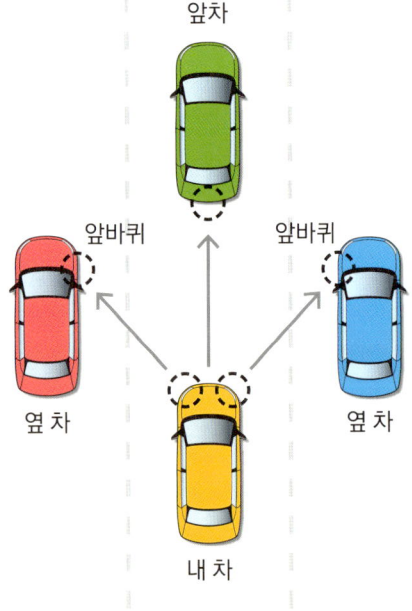

2. 방향(각도)에 따른 시선처리

2-1. 먼저 넓게 보고 나중에 좁게 보고(도로에서)

넓게 보고, 좁게 보기(p.57 참조). 주행하면서 넓은 옆 차선 차량 앞바퀴를 먼저 보고, 좁은 차선을 나중에 보는 방식이다. 이와 같이 함으로써 상대 차량의 방향에 따른 착시현상이 없어져 운전자의 위치와 상대 차량에 의한 위험 정도를 쉽게 파악할 수 있다.

옆 차량 앞바퀴 방향에 따라 운전자는 위험을 예측할 수 있다. 예를 들어, 옆 차량 앞바퀴가 일직선이면 안전하며, 내 차 방향으로 틀어져 있으면 내 차 앞쪽으로 진입하려는 것이고 내 차선 쪽으로 가까이 붙어 있으면 내 차선으로 진입하려고 시도하는 중이라 보면 된다.

주행 중 사각이 발생하면 서행하며 위험요소를 확인하고 사각을 회피하며 안전을 확인한 후 속도를 높인다. 특히 상대 차량이 서행 중일 때 내 차도 서행해야지 그렇지 않고 초보운전자는 빨리 벗어나야 한다는 생각으로 위험요소를 벗어나지 않은 상태에서 가속하는 경향이 있는데 아주 위험하다.

2-2. 우선순위, 위험요소 시선처리

(그림 1) 내 차가 우회전하려고 할 때는 반대 방향인 먼저 ㉮ 지점이 안전한지 살펴야 한다(직진 우선). ㉮의 안전이 확보된 상태에서 진입을 시도해야지 안전이 아직 확보되지 않은 상태에서 진입을 시도하면 안 된다. 이때의 위험요

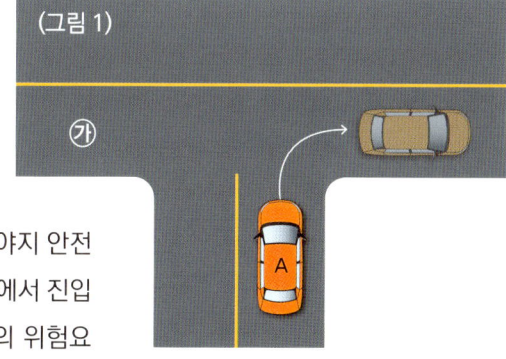

(그림 1)

소는 ㉮이다.

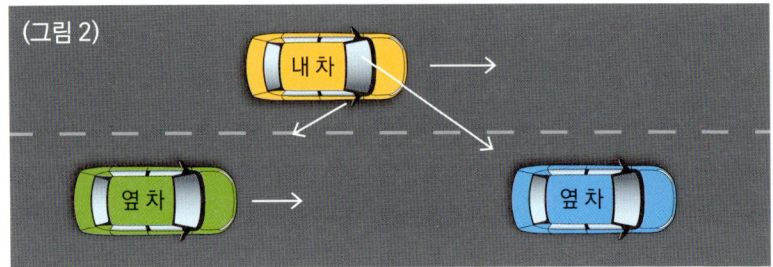

(그림 2) 내 차가 옆으로 차선을 변경하려고 하면 먼저 옆 차선 앞뒤 차량이 어떤 상태인지 살피고 안전 유무를 확인한 다음 진입한다. 이때의 위험요소는 옆 차선 차량들이다.

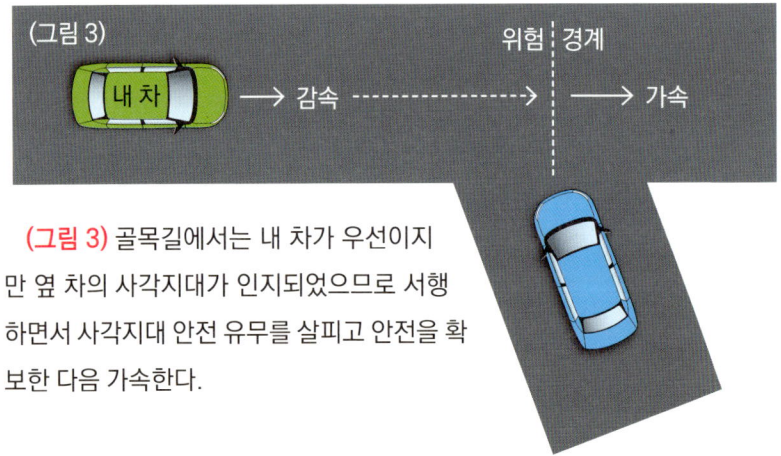

(그림 3) 골목길에서는 내 차가 우선이지만 옆 차의 사각지대가 인지되었으므로 서행하면서 사각지대 안전 유무를 살피고 안전을 확보한 다음 가속한다.

3. 주행 환경에 따른 시선처리법

3-1. 터널에서의 시선처리

터널을 통과할 때는 넓게 본 후 좁게 본다. 즉 터널 벽을 먼저 본 후 도로 위 차선을 본다. 운전자가 터널 벽을 계속 보고 있으면 자신의 차량이 터널 벽에 부딪

제6장 · 기본 지식과 응급조치 요령

칠 것 같은 느낌을 받을 수 있다. 일종의 착시인데 터널 벽을 본 후 즉시 차선으로 시선을 바로 이동해야 착시가 없어진다.

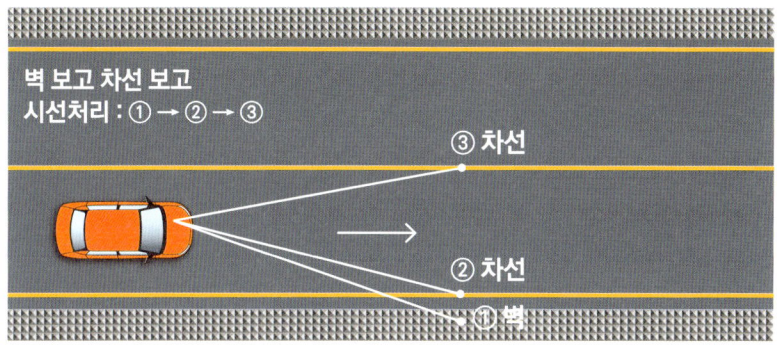

3-2. 커브길에서의 시선처리

먼저 안쪽 점선 ① 지점으로 시선을 처리한다.
① 지점을 지나면서 ② 지점으로 시선을 처리하고 ② 지점을 지나면 ③ 지점으로 시선을 처리한다.

커브길에서는 원심력이 발생하기 때문에 자연적으로 속도를 늦추게 된다. 속도가 느릴 때는 가까운 곳을 먼저 보고 먼 곳은 나중에 본다는 원리에 따라 자신이 주행하는 안쪽 차선만 시선처리하고 반대쪽 차선은 볼 필요가 없다. 커브길에서 운전자가 원심력을 적게 받으려면 휘어진 안쪽 차선으로 붙어야 하기 때문이다.

3-3. 골목길 시선처리

좁은 골목길에서 주행할 때는 속도가 느리므로 가까이 있는 위험요소를 먼저 보고 먼 곳은 나중에 본다. 즉 먼저 좁게 보고 나중에 넓게 보는 것이다.

그림처럼 ① → ② → ③ → ④ → ⑤ 순서로 시선을 처리하는 것이 바람직하다. ① ~ ④번 주차된 차량의 위험요소는 모서리이다. ⑤번 차량은 주행 중이므로 A의 앞바퀴 방향에 시선처리를 한다. 고속도로에서의 시선처리와 반대 개념이다.

3-4. 대향차 시선처리

서로 반대 방향으로 주행하는 형태이다. 운전자가 대향차를 보면 자기 앞으로 돌진하는 듯한 느낌을 받을 수 있다. 따라서 넓게 보고 좁게 보고 대향차 앞바퀴 방향을 보고 차선을 보아야 두려움이 사라진다. 시선처리 순서는 ① → ②이다.

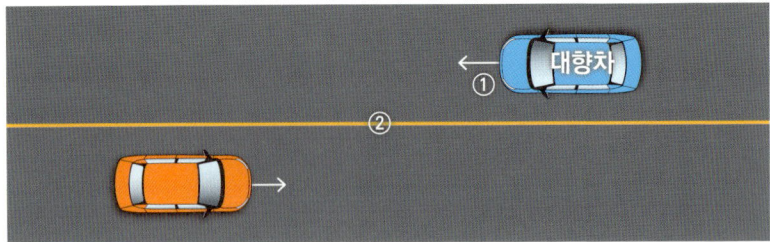

3-5. 같은 방향의 옆 차

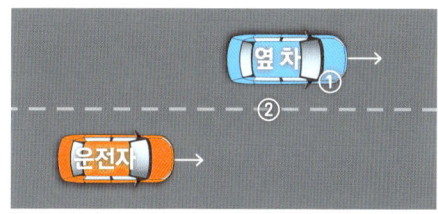

같은 방향으로 주행하는 차량이라도 속도가 다르면 속도 차이에 의한 착시가 발생한다. 운전자가 옆 차를 보면 운전자 앞쪽으로 달려드는 느낌을 받을 수 있다. 이때도 넓게 보고 좁게 보는 방법을 적용하여 옆 차 앞바퀴 방향과 차선을 보아야 두려움이 없어진다. 시선처리 순서는 ① → ②이다.

3-6. 커브길에서의 시선처리

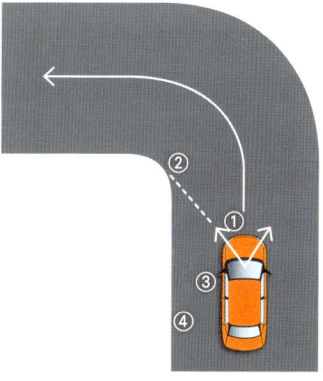

커브길에서는 앞쪽 모서리 ① 보고 ② 커브 정점 보고 후미인 사이드 미러 ③ 보고 ④ 차선 보고 시선처리하되 후미가 접촉할 우려가 있다면 일자로 핸들을 푼다. 즉 안쪽의 앞뒤 모서리를 확인한다.

3-7. 코너길에서의 시선처리

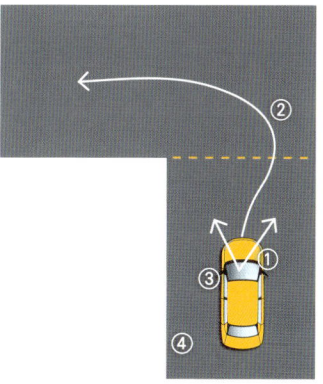

바깥쪽 모서리 ① 보고 바깥쪽 ② 보고 후미는 사이드 미러 ③을 통해 안쪽 ④를 보고 대각선으로 시선처리한다. 바깥 대각선 상의 앞뒤 모서리를 확인한다.

초보딱지 떼는 **테크니컬 드라이브**

3-8. 큰 차량 진입 시 시선처리

① 큰 차의 앞바퀴 보고 ② 차선 보고 감속하여 서행하다 위험요소를 통과하면 가속하여 위험요소를 탈출한다.

3-9. 차선 변경 시 시선처리

차선 변경 시 A와 B를 같이 확인해야 한다. 이때 A는 물론 B가 먼저 진입을 시도하면 직진 우선, 선 진입에 해당하므로 내 차는 양보해야 한다.

Tip 속도가 빠를수록 멀리 넓게 보고, 느릴수록 가까이 좁게 본다. 속도가 빠를수록 위험요소는 멀리, 넓게, 느릴수록 위험요소는 가까이 좁게 있다. 위험요소 회피하는 것이 운전이기 때문이다.

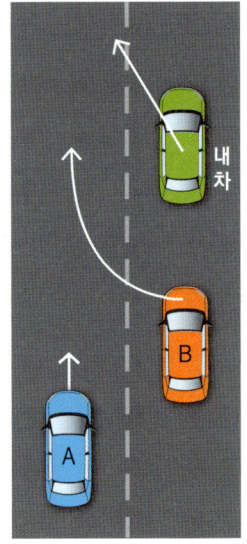

39 기본적인 교통법규

운전자에게는 서로의 안전을 도모하며 가고자 하는 목적지까지 무사히 도착하는 것이 제일이다.

핵심 개념은 첫째, 안전을 확보하며 주행하는 것 둘째, 약자를 보호하면서 주행하는 것으로 요약된다.

1. 안전거리 확보

안전거리 유지, 위험요소를 발견하여 이를 사전에 제거하면서 주행하는 것인데 인지된 위험요소와 예상된 위험요소를 파악하여 대비하면서 주행하는 것을 말한다.

2. 약자 보호

차량에 대해 상대적으로 약자인 사람, 자전거, 오토바이, 손수레 등을 보호하면서 주행하는 것이며 비록 약자가 잘못했다 하더라도 강자인 자동차의 피해가 커지기 때문이다.

3. 신호 위반

① 신호등이 빨강 또는 주황일 때는 정지선에 정지하고 녹색은 진행한다.
② 주행 중 A 차량은 신호를 먼저 본 후 바로 앞 차량 B를 보아야 사전에 급정거, 급발진에 대비함으로써 위험을 방지할 수 있다. 즉, 시야 확보(멀리 보고)

→ 확인(가까이 보고) → 진입에 따른 것이다.

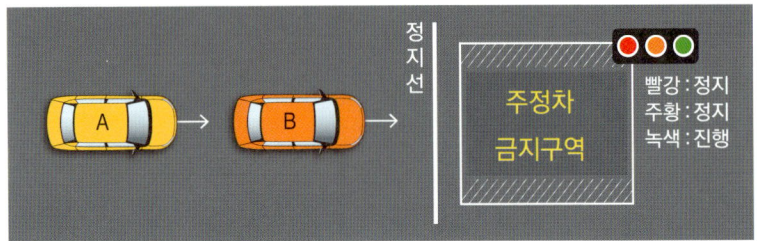

③ 주황색 신호에서 차량 B가 정지선에 정지코자 할 때 정지선과 거리가 가까워 급정거할 수밖에 없는데 이때 뒤따라오는 차에 추돌할 우려가 높아 위험하다. 따라서 급정거할 수밖에 없다고 생각된다면 그대로 주행하여 교차로를 신속히 빠져나가야 뒤차와의 추돌을 피할 수 있다. 교차로를 통과할 때까지 주황색 신호이므로 신호 위반이 아닌 정상적 주행이다.

④ 신호가 주황색인데도 불구하고 주행하다 빗금 친 부분에서 빨강 신호를 보았다면 신호 위반이다. 빗금 친 부분에서 정지하면 주변의 차선에서 진행하는 차량의 주행을 방해하여 대혼란이 일어날 수 있다. 따라서 위험을 무릅쓰고 신속히 주행하여 빗금 친 부분을 벗어나야 한다. 하지만 엄연한 신호 위반이다.

4. 차선 위반 및 정지선 위반

차선에는 실선과 점선이 있는데 실선은 차선 변경 금지, 점선은 차선 변경이 가능하다. 차선 변경 금지구역인 실선이 있는 곳은 횡단보도 앞, 터널 안, 교차로 앞, 고가 위, 급경사가 심한 곳 등이다. 특히, 주의할 곳은 횡단보도이다.

횡단보도 중간에 정지할 경우 보행자의 불편을 고려하여 후진하는 운전자가 있는데 정지선 위반이며 횡단보도 침범 위반에 뒤차와 부딪치면 역주행 위반, 보행자와 인사사고를 유발할 수 있다. 따라서 운전자는 절대로 움직여서는 안 된다.

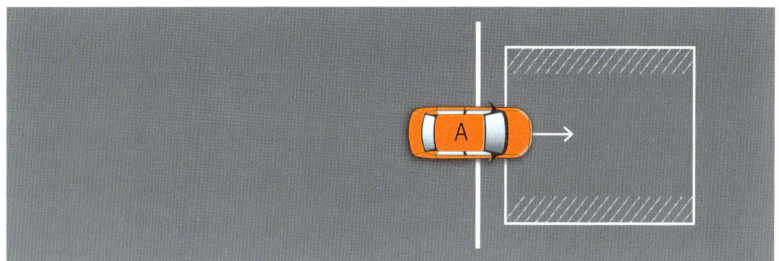

5. 교통사고 12대 중과실

12대 중과실에 해당되면 보험 가입 여부와 관계없이 별도로 합의해야 한다.
① 신호지시 위반
② 중앙선 침범, 횡단, U턴, 후진 방법 위반
③ 속도 위반 – 제한속도 20km 초과 시
④ 앞지르기, 끼어들기 위반 – 실선에서 차선 변경 시
⑤ 건널목 통과 방법 위반 – 철도 건널목 통과 위반
⑥ 횡단보도 보행자 보호의무 위반 – 횡단보도 내에서의 인사사고
⑦ 무면허운전
⑧ 음주, 약물 운전
⑨ 보도 침범, 보도 횡단 방법 위반 – 인도에서의 인사사고
⑩ 개문 발차 사고(추락 방지 위반)
⑪ 어린이 보호구역에서 발생하는 어린이 대상 교통사고
⑫ 자동차에서 화물이 떨어지지 않도록 필요한 조치를 하지 않고 운전

6. 제한속도(최고속도)의 의미

도로폭은 제한속도가 높을수록 도로폭이 넓고 제한속도가 낮을수록 도로폭도 좁다. 도로의 제한속도는 야간주행 시 직선이나 커브길에 관계없이 운전자가 안

전운전을 할 수 있는 속도를 말한다. 만약 주간속도로 제한속도를 규정해 놓았을 시 야간에 주간속도만큼 주행하면 사고가 많이 발생할 우려가 있다.

7. 속도 규정

① 편도 2차선 이상 도로 : 60km/hr → 50km/hr
② 자동차 전용도로 : 80km/hr → 70km/hr
③ 고속도로 : 편도 1차선 80km/hr, 편도 2차선 100km/hr
  단, 원활한 소통을 위해 필요할 때는 110km/hr
④ 눈이나 비 올 때 : 제한속도에서 20% 감속
⑤ 폭설, 짙은 안개 등으로 가시거리 100m 이내일 때 50% 감속

8. 앞지르기 금지 구역

① 교차로, 터널 안, 다리 위
② 도로의 구부러진 곳
③ 비탈길의 고갯마루 또는 가파른 비탈길 내리막
④ 각 지방경찰청이 정한 곳(앞지르기 금지 안전표지에 의함)

운전자는 항상 '갑' 위치에 있어야 한다. 안전운전을 해야 하지만 자신만 안전운전한다고 사고가 나지 않는 것은 아니므로 모든 운전자는 항상 '갑' 위치에서 운전하는 것이 가장 바람직하다. 따라서 이미 언급한 차량 우선순위와 앞지르기 금지구역을 명심하기 바란다

제6장 · 기본 지식과 응급조치 요령

40 수동 운전법

　주행 방법은 오토주행 방법과 같다. 여기서는 오토매틱과 다른 점만 기술한다. 수동운전 = 스틱운전 = 메뉴얼운전은 같은 뜻으로 쓰인다.

1. 기어 변속

① 페달은 클러치, 감속 페달, 가속 페달로 구성되어 있으며 클러치는 엔진의 동력을 바퀴에 전달하는 과정을 끊었다, 붙였다 하는 역할을 한다.
② 작동 요령은 감속 페달이나 가속 페달을 천천히 밟고 천천히 뗀다. 페달을 급격히 밟거나 떼면 급정거나 급발진이며 클러치와의 동력 전달이 언밸런스일 경우 엔진이 꺼진다. 다만 돌발상황 발생 시 감속 페달을 사정없이 밟아 급정거해야 한다.
③ 기어가 들어간 상태에서 정지 시에는 클러치와 감속 페달을 동시에 밟아야 엔진이 꺼지지 않는다. 초보자인 경우 철저히 숙달하는 것이 좋다. 어느 정도 숙련되었을 때 감속 페달을 밟으면 속도가 거의 정지 수준까지 떨어진다. 차가 덜덜 떠는 소리를 낼 때 클러치를 밟아주면 엔진이 꺼지지 않고 정지할 수 있다.
　기어가 중립일 경우, 감속 페달만 밟아도 엔진이 절대로 꺼지지 않고 감속하거나 정지할 수 있다. 이것은 엔진의 동력이 바퀴 쪽으로 전달되지 않아 바퀴에 부하가 걸리지 않기 때문이다.
④ 클러치는 밟을 때 빨리 깊게 밟고, 뗄 때는 서서히 나누어서 뗀다. 감속 페달이나 가속 페달을 세게 밟은 후 갑자기 클러치에서 발을 떼면 차체 하중이 동력 전달에 비해 부하가 더 많이 걸려 엔진이 꺼진다.

따라서 항상 서서히 떼는 습관을 길러 엔진 부하를 서서히 주는 것이 요령이다. 그래야만 엔진이 꺼지지 않고 차가 부드럽게 움직이는 것을 볼 수 있다.

1-1. 출발과 정지

출발 시 가속 페달을 아주 부드럽게 밟으면서 클러치를 서서히 떼고, 정지 시는 클러치를 빨리 꾹 밟은 상태에서 감속 페달을 부드럽게 살며시 밟는다.

1-2. 기어 변속 기준

- 1단 : 0~5km/hr
- 2단 : 5~20km/hr
- 3단 : 20~40km/hr
- 4단 : 40~70km/hr
- 5단 : 70km/hr 이상

위의 속도 범위 내에서 기어 단수를 유지해 주면 적정 기어 변속이라 한다.
다만, 오르막길에는 기준 변속 범위보다 단계를 더 낮게 가져가야 한다. 즉, 기어 단수가 낮을수록 차체의 힘은 세어지나 속도는 느려지고, 단수가 높을수록 차체의 힘은 약해지나 속도는 빨라지기 때문이다.

1-3. 가속

기어는 1단 → 2단 → 3단 → 4단 → 5단 순서로 변속하며 속도를 높일 수 있으며 기어를 내리고자(감속하고자) 할 때는 속도 기준에 맞추어 기어를 내리면 된다. 다만, 속도 기준보다 낮게 기어를 변속할 경우 갑자기 속도가 뚝 떨어지며 뒤에서 당기는 느낌이 들 것이다. 이것을 엔진 브레이크라 부른다.

1-4. 주행 중 가다 서다를 반복할 때

예를 들면, 4단 속도에서 2단 속도로 갈 경우 초보자는 감속 페달을 밟아 차를 정지시킨 후 다시 1단에서 출발하여 2단을 맞추려고 하든지, 3단 갔다 2단으로 가든지 하는데, 그리하지 말고 바로 속도에 맞는 2단으로 기어를 변속하여 주행하는 것이다. 항상 속도에 기어를 맞추는 것이 운전 중 흔들림 없이 주행하는 요령이다.

1-5. 언덕에서 정지했다 출발할 경우

클러치와 감속 페달을 밟은 상태에서 기어는 1단으로 놓고 클러치는 반 클러치로 놓은 상태에서 감속 페달에 놓인 발을 미끄러지듯이 재빨리 가속 페달로 옮기면서 클러치를 2/3 정도 놓고 탄력을 받으면 클러치를 완전히 뗀다.

이때 중요한 것은 반 클러치 사용과 가속 페달로 옮기는 오른발의 이동 속도가 빨라야 한다는 점, 즉 페달과 페달의 이동 시간을 최대한 단축해야 한다는 점이다. 이것이 늦게 되면 차량 하중과 경사도에 따른 부하량이 고스란히 전달되어 차가 뒤로 밀리든지 엔진이 꺼진다.

> ※ 반 클러치란?
> 클러치는 엔진과 바퀴의 동력 연결장치이다. 이것이 힘의 전달을 세게 했다 약하게 했다 조정하는 역할을 하는데 이 밸런스가 깨지면 엔진이 꺼진다.
> 정지된 상태에서 엔진이 꺼지지 않으면서 바퀴 쪽에 힘의 전달이 가장 많이 되는 시점의 클러치 위치가 반 클러치이다. 클러치를 서서히 떼어보면 차가 덜덜덜 떠는 느낌이 온다. 이 시점이 반 클러치로 그 이상 떼게 되면 엔진이 꺼진다.

1-6. 소리로 알 수 있는 기어 조정법

주행 중 엔진이 덜덜 떨면 엔진에 부하가 걸린 상태이므로 기어 변속을 한 단계 낮추면 떨림이 멈춘다. 또한 붕붕 소리가 들리면 속도에 비해 기어 변속 단수가 적은 상태이므로 한 단계 높은 기어로 변속해야 한다.

이와 같이 속도와 기어 변속 단수가 맞으면 차는 조용하고 부드러워지는 것을 느낄 수 있다.

1-7. 언덕길에서 비상 시 출발하기

왼쪽 발은 반 클러치, 오른쪽 발은 감속 페달을 밟고 기어는 1단, 왼쪽 손은 핸들을 잡고, 오른손은 핸드 브레이크를 잡은 상태에서 오른쪽 발로 액셀을 밟으면서 핸드 브레이크를 동시에 풀어 위로 올라가는 형태이다.

이때 반 클러치 상태인 왼쪽 발을 완전히 뗀다. 이때 조금만 밸런스가 맞지 않으면 엔진이 꺼지기 쉽다. 이 점을 보안하고자 핸드 브레이크를 채워 충분히 액셀의 힘을 가한 후 핸드 브레이크를 풀면 좋다.

내리막길에서 기어를 중립으로 놓고 주행하는 것은 좋지 않다. 항상 기어가 걸린 상태에서 주행하는 것이 바람직하다.

41. 충돌과 추돌 차이점

1. 충돌

서로 역방향에서 부딪친 모습이다. 이때 충격은 60이다. 대표적으로 중앙선 침범이 여기에 속한다.

2. 추돌

같은 방향에서 부딪친 모습이다. 이때 B가 A의 충격을 일부분 흡수한 형태로 충격은 20이다.

초보딱지 떼는 **테크니컬 드라이브**

42 우선순위

1. 정지된 차 우선

같은 조건에서는 정지된 차가 우선이므로 움직이는 차는 정지된 차를 피해 운행해야 한다. 신호 대기 중인 차 또는 주차나 정차되어 있는 차가 대표적이다.

2. 직진 우선

앞 차량이 차선을 변경하려고 할 때 뒤 차량이 먼저 차선 변경을 시도하면 그림과 같은 상태로 B가 우선이므로 앞 차량 A가 B에게 양보해야 한다.

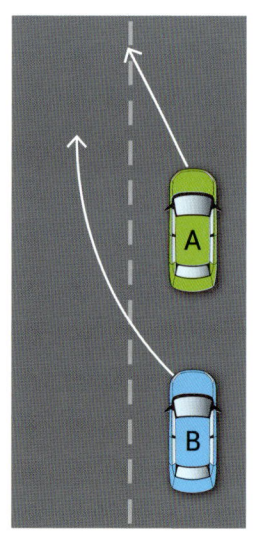

3. 선 진입 우선

같은 조건일 때 나중에 진입한 차는 먼저 진입한 차량에 양보해야 한다. 일반적으로 앞에서 주행 중인 차량이다.

4. 대로 우선

소로에서 대로로 진입할 때 대로에서 주행 중인 차량들의 흐름을 방해해서는 안 된다.

5. 신호 우선순위

① 신호등이 있는 교차로에서 우회전하려는 차량은 신호에 따라 움직이는 직진 차량이나 좌회전하는 차량에 양보하고 안전이 확보되었을 때 마지막으로 우회전한다. 왜냐하면 우회전은 별도의 신호가 없고 안전이 확보되면 언제든지 우회전할 수 있기 때문이다.

② 신호등이 없는 교차로에서는 우측 차량이 우선이다. 자기 차의 우측 차선 차량 조치가 끝난 후 내 차가 움직인다. 이때는 시계 방향으로 한 대씩 움직이는 것이 원칙이다.
진입 순서는 ① → ② → ③ → ④ → ⑤ → ⑥이다.

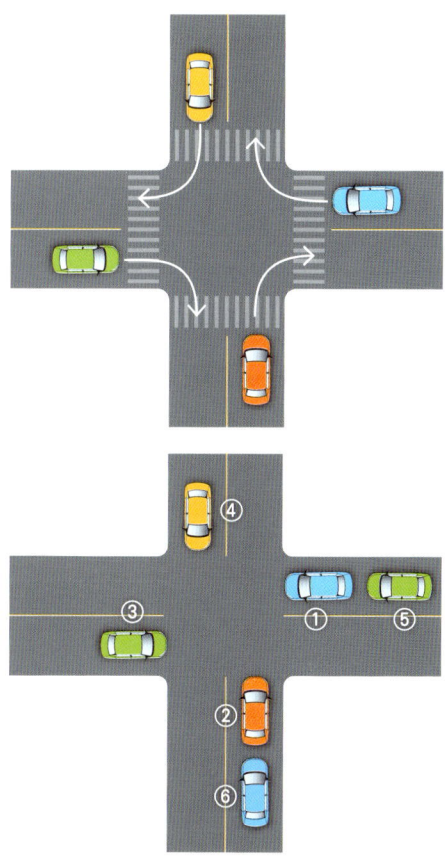

43 엔진 브레이크

자동차에서 엔진의 압축 저항이나 엔진과 변속기의 마찰 저항 따위를 이용하여 감속하는 일, 달리다가 액셀에서 발을 떼면 브레이크를 밟지 않아도 속도가 떨어지며 저속 기어일수록 효과가 크다.

눈길 또는 빗길에서 주행하다 갑자기 감속 페달을 세게 밟으면 스핀이 일어나 차가 역회전하는 수가 있다. 이때는 액셀에서 발을 떼든가 아니면 신속히 1단 또는 2단을 넣어 엔진 회전수인 RPM을 떨어뜨려 감속한 상태에서 감속 페달을 밟아야 차가 회전하지 않고 바로 정지할 수 있다.

예를 들면 액셀에서 발을 떼면 탄력주행이 일어나고 자연적으로 서서히 감속 효과를 볼 수 있으며 고단 기어로 주행하다 저단 기어로 바꿀 때도 감속 효과가 일어난다. 이런 것을 총칭하여 엔진 브레이크라고 한다.

44 점멸등과 경고

1. 점멸등

점멸등이란 켜졌다, 꺼졌다 하는 깜빡이 불을 의미한다. 주황색과 빨간불이 있는데 주황색 점멸등은 주변을 살피면서 주행하라는 의미이고 빨간색 점멸등은 아주 위험하니 일단 정지한 후 주의를 살피고 주행하라는 의미이다. 따라서 주황색보다 빨간색이 보다 더 주의를 요한다.

2. 경고

경고는 상대 차량에 주의를 요구하는 행위로 경고등과 경고음(클랙슨)이 있다. 고속도로에서는 차량과 차량 사이 거리가 멀어 경고음이 들리지 않는다. 따라서 경고등을 사용하여 상대에게 경고 신호를 주게 되며, 차량과 차량 사이가 가까울 경우에는 상대방에게 경고음이 충분히 들리게 하여 주의를 환기시킨다.

45 차 안에서 휴식을 취할 때

차 안에서 휴식을 취한다든지 잠을 잘 때 또는 어린이를 두고 볼 일을 볼 때는 창문을 조금 열어놓아야 한다. 장시간 창문을 닫아놓으면 실내에 산소가 부족하여 목숨을 잃을 수 있다.

여름에는 심하면 실내 온도가 60도 이상 올라가서 라이터, 스프레이 등이 폭발할 수도 있다.

※ 차에 새똥이나 시멘트 물이 묻었을 경우

그대로 두면 암모니아 성분 때문에 철판이 부식되기 쉽다. 식초와 물을 1:1로 섞어 세척하면 암모니아의 알칼리 성분과 식초의 산성 성분이 중화되어 쉽게 없어진다.

46. '아차 사고'란?

　운전하다 사고가 날 뻔했던 순간은 누구나 경험했을 것이다. 위험 예지 훈련에서는 이것을 사고로 본다. 왜냐하면 사고는 나지 않았지만 자칫하면 사고로 이어질 수 있었기 때문이다. 우리는 부단한 노력과 훈련을 통하여 이러한 아차 사고를 미연에 방지해야 한다. 즉 신체의 조건반사를 극대화해야 한다.
　미리미리 위험요소를 예측하거나 발견하여 사전 예비 동작을 취하여 대비함으로써 극복할 수 있다. 운전자의 시야를 흐리게 하는 사각지대 회피, 돌발상황에 대비한 사전 예비 동작, 위험요소 사전 발견 등이 대표적인 사례라 할 수 있다. 즉 사전 예방운전이 생활화되어야 한다.

※ **위험 예지란?**
　운전 중 곳곳에 숨어 있는 예상 위험요소를 예측하여 사전 예비 동작을 취함으로써 안전운전에 노력해야 한다. 안전거리 확보, 급정거, 급핸들 금지, 모든 운전 동작을 여러 번 나누어 행하고 사각지대를 벗어날 때까지 시야를 확보한 후 확인하고 회피 동작을 미리 취하는 등 사전에 위험요소를 인지하여 피하거나 제거하려는 노력이 수반되어야 한다.

47 결함 종류

위험요소 중에는 치명결함, 중결함, 경결함, 경미결함 등이 있는데 운전자의 성격, 운전 습관, 운전 숙련도, 그날의 컨디션에 따라 결함 발생 빈도를 예측할 수 있다.

① 치명결함의 대표적 사례는 중앙선 침범, 신호 위반, 음주운전, 20km/hr 이상 과속, 졸음운전 등이 해당된다. 특히 중앙선을 침범하여 사고가 나면 사망할 수 있는데 역방향 충돌이기 때문이다.

② 중결함은 사각지대에서 발생하는데 직각 충돌 또는 어느 한쪽은 정지된 상태이고, 다른 한쪽은 주행 중 추돌하는 형태이다. 주로 중상, 경상이 여기에 해당되며 12대 중과실에서 치명결함을 제외한 나머지가 해당된다.

③ 경결함은 추돌 형태를 띠고 있으며 서로 같은 방향으로 주행 중 속도 차이가 보통 20km/hr 이내인 경우를 말한다. 이는 뒤 차량의 속도가 앞 차량의 속도에 의해 상쇄된 것이다. 즉 약한 추돌을 의미하며 인사사고는 발생하지 않고 차량이 약간 파손되는 정도이다.

④ 경미결함은 차량 외부가 살짝 긁히는 정도이다. 따라서 운전자는 위험 예지 훈련을 통하여 사전에 위험요소를 인지하여 피하거나 제거하여 사고의 최소화에 노력해야 한다.

48 속도감이란?

운전자는 속도가 빠르다, 느리다를 감각적으로 표현한다.

속도는 절대적 속도와 상대적 속도가 있는데 계기판에 나타나는 속도는 절대 속도이고, 상대 속도는 차량 간 속도의 차가 크면 클수록 빠르게 느껴지고 반대로 속도 차가 적을수록 느린 것처럼 느껴진다.

예를 들면, A와 B 차량이 시속 60km와 100km로 주행한다고 할 때 속도 차이는 40km이다. 또 같은 속도로 달린다면 속도 차이는 0이 되어 운전자는 속도감을 느끼지 못할 것이다. 특히 고속도로에서 주위 차량이 운전자의 차량과 속도가 같게 느껴지는 것이 이런 경우이다.

시야 차이도 있는데 시야가 좁으면 속도가 빠르게 느껴지고 넓으면 속도가 느려지는 느낌이 든다.

도시의 빌딩숲에서는 느린 속도로 주행해도 빠르다고 느껴지고 고속도로에서는 반대로 속도가 빨라도 느린 것처럼 느껴진다. 이는 위험요소가 가까이 있느냐 멀리 있느냐에 따라 속도감에 차이가 나기 때문이다. 위험요소가 가까이 있으면 속도는 빠르게 느껴지고 멀리 있으면 느리게 느껴진다.

49 증발현상과 결로현상

1. 증발현상

어떤 장소나 물체의 조도에 의한 명암 차이로 순간적으로 장소나 물체가 보이지 않는 현상을 증발현상이라 한다. 인간의 눈이 이런 현상에 적응하려면 짧지만 시간을 필요로 한다.

양지에서 음지로 진입 시 또는 음지에서 양지로 진입 시 보통 터널을 통과할 때 발생하며, 야간에 반대편 차량의 불빛이 마주 비출 때 빛과 빛이 부딪쳐서 차량 간 중간 위치는 보이지 않는다. 또한 응달진 곳에서 빙결된 도로로 진입할 때 도로가 빙결된 것이 보이지 않기도 한다.

증발현상에 적응하려면 최소 1~2초 걸리므로 속도를 낮추면서 핸들을 틀지 말아야 한다.

2. 결로현상

바깥 온도와 실내 온도 차이로 성에나 물방울이 맺히는 현상을 말하며 바깥과 실내 온도 차이를 없애면 결로현상은 없어진다. 제거 방법은 계기판을 방향과 외부바람(자연풍)으로 조작하면 된다. 에어컨을 켜면 더 좋다.

50. 베이퍼 로크 현상

　브레이크 오일에 기포가 발생하여 브레이크가 제대로 작동하지 않는 현상을 말한다. 내리막길에서 브레이크를 지나치게 자주 사용하면 차륜 부분의 마찰열 때문에 휠 실린더나 브레이크 파이프 속의 오일이 기화되고, 브레이크 회로 내에 공기가 유입된 것처럼 기포가 형성된다.

　이때 브레이크를 밟아도 스펀지를 밟듯 푹푹 꺼지며, 브레이크가 작동되지 않는 현상이 생기는데 이를 베이퍼 로크(Vapor lock)라고 한다.

51 페이드 현상

　빠른 속도로 달릴 때 풋 브레이크를 지나치게 자주 사용하면 브레이크가 흡수하는 마찰 에너지는 매우 커진다. 이 에너지가 모두 열이 되어 브레이크 라이닝과 드럼 또는 디스크의 온도가 상승한다. 이렇게 되면 마찰계수가 극히 작아져서 자동차가 미끄러지고 브레이크가 작동하지 않게 되는데 이를 페이드(Fade) 현상이라고 한다.

　일반적으로 디스크 브레이크보다 드럼 브레이크에서 이런 현상이 더욱 심한데, 자칫 사고로 이어질 수 있으므로 한계값을 정해 놓기도 한다. 긴 내리막길이나 뜨거운 노면 위에서 브레이크 페달을 자주 밟는 경우에도 패드와 라이닝이 가열되어 페이드 현상을 일으키기 쉽다. 그러므로 긴 내리막길을 내려갈 때 가능하면 엔진 브레이크를 사용하고, 필요한 경우에만 풋 브레이크를 사용해야 한다.

　브레이크 작동 부위의 온도 상승을 방지하고 드럼이나 디스크의 방열을 좋게 하고 온도 상승에 따른 마찰계수의 변화가 작은 라이닝을 선택하면 페이드 현상을 방지할 수 있다.

52 앞바퀴 정렬 확인 방법

1. 차가 정지되어 있을 때 확인법

운전석 창문을 열고 상체를 밖으로 내밀어 앞바퀴가 보이지 않으면 정렬된 것이고, 앞바퀴가 보이면 삐뚤어진 것이다. 이때 핸들을 어느 한쪽으로 모두 돌린 후 반대로 한 바퀴 반 돌리면 앞바퀴가 정렬된다.

2. 차를 움직여 확인하는 법

핸들을 정렬하고 약 5~10cm 정도 앞쪽으로 이동해 본다. 이때 운전자는 몸을 앞쪽으로 당겨서 차의 앞 끝을 유심히 본다.

차가 일자로 움직이면 앞바퀴가 정렬된 것이고, 어느 한쪽으로 기운다면 삐뚤어진 것이다. 핸들을 반대로 돌린 후 한 번 더 앞으로 약 5~10cm 정도 이동하면 앞바퀴 정렬 여부를 알 수 있다.

초보딱지 떼는 **테크니컬 드라이브**

53 거리 종류

1. 공주 거리

운전자가 위험을 인지하고 감속 페달을 밟을 때 브레이크가 걸리기까지의 거리를 말하며 차량마다 다를 수 있다. 특히 오토에서는 미세하게 느껴지거나 느껴지지 않을 수도 있는데 수동에서는 확연히 느껴지며 브레이크 유압이 걸리는 시간을 말한다.

2. 제동 거리

브레이크(감속 페달)가 걸리기 시작하여 차량이 완전히 멈출 때까지의 거리를 말한다.

3. 정지 거리

공주 거리 + 제동 거리를 합산한 거리로 속도가 빠를수록 길고 느릴수록 짧다. 따라서 속도가 빠르면 멀리서 제동하고, 속도가 느리면 가까이서 제동하여 목표 지점에 안전하게 정지한다.

4. 체감 거리

앞뒤 차량 속도가 각기 다르므로 속도 차이가 발생한다. 즉 앞뒤 차량 속도 차이가 클수록, 시야가 좁을수록 체감 거리는 짧아진다. 반대로 앞뒤 차량 속도 차이가 작을수록, 시야가 넓을수록 체감 거리는 길어진다.

체감 거리는 상대적 거리라고도 하는데 상대방과 속도 차이가 클수록 체감 거리가 높고 속도 차이가 작을수록 속도감이 떨어지기 때문이다.

대표적으로 고속도로에서 상대 차량과 같은 속도로 달릴 경우 체감 거리를 거의 느끼지 못하는 이유가 여기에 있다.

5. 안전거리

보통 일률적으로 속도에 의한 정지 거리를 안전거리라 하는데 정확히는 체감 거리 위주로 하는 것이 옳다고 본다.

숙련자와 초보자의 체감 거리는 다를 수밖에 없으므로 숙련자의 체감 거리는 짧은 경향이 있고, 초보자는 체감 거리가 긴 편이다. 따라서 운전 숙련도에 따라 운전자마다 안전거리를 다르게 느낄 수 있다.

54. 예측운전과 예방운전 차이

1. 예측운전(주관적)

운전자가 자의적으로 미리 '이럴 것이다'라고 단정하고 실체를 확인하지 않고 미리 행동을 취하는 것으로 초보운전자에게 자주 발생하며 대형사고를 유발할 수 있다. 즉 충분한 인지 없이 자의적 판단이 앞서 미리 조작행위를 취하는 것을 말한다.

2. 예방운전(객관적)

운전자는 위험 예지 능력을 키워서 앞으로 다가올 위험요소를 발견하여 인지·확인 후 예방 조치를 취함으로써 사전에 위험요소를 예방하며 회피 운전해야 한다. 이것을 조건반사 운전이라 한다. 이 조건반사가 '감'이고 '촉'이다.

이상 징후로 알 수 있는 고장

1. 졸졸 물 흐르는 소리가 난다

시동을 켤 때 졸졸 물 흐르는 소리가 나면 냉각수 부족을 의심할 수 있다. 물 흐르는 소리를 무시하고 계속 운행하면 엔진이 망가질 수 있으니 냉각수를 확인하고 부족하면 보충한다.

2. 시동 걸 때 딱딱딱 소리가 난다

시동을 걸고 차가 움직일 때마다 쇳소리가 나면 엔진오일 부족일 가능성이 높다. 엔진 각부 베어링이 손상됐거나 엔진의 이상 연소로 폭발 충격음이 생기는 것일 수도 있다. 엔진오일을 점검해서 부족하면 보충하고 베어링 문제라면 부품을 갈아야 한다.

3. 감속 페달을 밟을 때 소음이 난다

주행 중 브레이크를 밟았을 때 '끼윽, 삐익' 하는 소음이 나거나 브레이크를 밟지 않아도 운행 중 바퀴 부위에서 쇠가 끌리는 소음이 들리면 브레이크 패드나 라이닝이 많이 닳았거나 이물질이 유입된 경우다. 브레이크 패드나 라이닝은 소모품이라 일정기간이 지나면 교체해야 한다.

브레이크 오일을 점검해서 최소선(MIN) 이하로 내려가 있으면 많이 마모된 상태이다.

4. 핸들 돌릴 때 소음이 난다

핸들을 좌우로 돌릴 때 소음이 나고 진동이 느껴질 때는 핸들과 핸들 축 커버가 서로 닿아 방해하는 경우이거나 핸들 기어박스의 고무패킹 윤활 불량이 이유다. 이런 때는 조향핸들과 조향핸들 축의 간섭 부위를 점검해 수리하거나 파워 핸들 오일 펌프를 살펴 교환한다.

5. 이상한 냄새가 난다

고무 타는 냄새나 휘발유, LPG 냄새가 나면 자동차를 안전한 장소에 세우고 원인을 알아본 뒤 조치해야 한다.

타는 냄새는 전기 계통의 누전일 경우가 많고, 냄새가 나는 것은 엔진 연료 계통의 파이프 연결 부위 등에서 휘발유나 가스가 샐 가능성이 높다. 두 가지 모두 위험한 상황을 초래할 수 있으므로 속히 전문 정비를 받아야 한다.

6. 냉각수 온도 바늘이 올라간다

냉각수 온도 바늘이 계속 올라가거나 빨간색(H)을 가리키면 '오버히트'라고 하는데, 냉각수가 적정 온도 이상으로 과열된 상태다.

냉각수 보조 탱크에서 끓어 넘친 물이 나오면서 엔진룸에서 김이 나고 엔진출력이 급격하게 떨어진다. 이때 무조건 시동을 끄면 안 된다.

먼저 안전한 곳에 차를 세우고 냉각수 온도가 내려갈 때까지 시동을 켠 상태에서 에어컨을 켜고 풍향은 순환풍(내부 바람)으로 조정한다.

냉각수가 차 아래로 흘러넘치거나 수증기가 보닛 위로 새어나오면 엔진을 공회전 상태에 두고 수증기가 멈출 때까지 보닛을 열지 않는다.

냉각팬이 돌지 않아 오버히트하면 시동을 끄는 것이 정답이다. 그러나 이때도 함부로 라디에이터를 열면 안 된다. 엔진과 냉각수 온도가 어느 정도 식을 때까지 기다렸다 뚜껑을 조금 돌려 압력을 낮춘 뒤 증기가 완전히 사라진 다음 연다.

7. 연료 경고등이 들어와도 최소 30km는 주행할 수 있다

계기판의 연료 경고등에 불이 들어오면 얼마나 더 달릴 수 있을지 몰라 불안해하는 운전자가 많다. 하지만 경고등이 들어왔다고 차가 곧 멈추는 것은 아니다. 차종에 따라 조금씩 차이가 있으나 대부분 연료가 5~10리터 남았을 때 경고등이 들어오기 때문에 40~50km는 더 달릴 수 있다. 그러나 연료가 바닥날 때까지 달리면 연료 모터와 연료 필터 등에 문제가 생기거나 각종 전자 제어장치와 센서 등의 기능이 마비될 수 있으므로 미리 연료를 보충한다.

56 간단한 응급조치 요령

1. 타이어가 펑크 났을 때

펑크 난 곳이 지면과 닿는 부분이라면 두꺼우므로 떼우면 되지만 상대적으로 얇은 측면에 펑크가 났다면 고속주행 시 높은 공기압을 견디지 못하고 터지는 경우가 있으므로 타이어를 교체한다.

2. 엔진이 과열되었을 때

① 엔진 온도 계기판을 보면 바늘이 중앙에서 약간 내려가 있는 것을 볼 수 있는데 이 온도는 대략 90도를 가리키며, 바늘이 정중앙에 있으면 100도이다.
바늘이 100도를 넘어가면 절대 운전해서는 안 된다. 계속 운전하면 차량에 불이 날 수 있다. 부동액(냉각수) 순환장치에 이상이 있어 엔진을 식혀주지 못하기 때문에 일어나는 현상이다.
② 비상 대처법으로 에어컨을 켜고 주행하면 외부 공기가 유입되어 엔진을 식히는 데 도움이 된다. 계기판의 풍향 위치를 순환풍(내부 공기 순환)에 놓으면 에어컨 효과와 외부 공기를 더욱더 압축하여 엔진 주위에 흐르게 하여 엔진 냉각에 더 효과적이다.

제6장 · 기본 지식과 응급조치 요령

57 교통사고 과실 비율표

1. 보행자 횡단 사고

			과실비율 사람	과실비율 차
횡단보도 상	신호등 있는 곳	푸른 신호등	0	100
		붉은 신호등	70	30
		횡단 중 붉은 신호등	20	80
	신호등 없는 곳	보행자가 좌우를 살핀 경우	0	100
		보행자가 좌우를 살피지 않은 경우	10	90
횡단보도 밖	횡단용 시설물 없는 곳 (육교, 지하도 등)	횡단보도 근처(100m)	20	80
		간선도로(3차선 이상)	40	60
		일반도로	30	70
		횡단보도가 없는 지방도로	20	80
		교차로 및 부근	20	80
	횡단용 시설물이 있는 부근		50	50

2. 보행자 사고

		과실비율 사람	과실비율 차
인도 · 차 구별 있는 곳	인도 보행	0	100
	차도 보행	20	80
인도 · 차 구별 없는 곳	좌측통행	0	100
	우측통행	10	90
	단, 골목길의 경우	0	100
	도로 한가운데	20	80
	노상에 누워 있는 사람(주간)	40	60
	노상에 누워 있는 사람(야간)	60	40

초보딱지 떼는 **테크니컬 드라이브**

3. 차량의 교통사고		과실비율	
		'갑' 차	'을' 차
신호등 있는 곳	'갑' 차 신호 위반	100	0
신호등 없는 곳	회전 금지된 곳, '갑' 차 위반	85	15
	일단정지 위반, '갑' 차 위반	80	20
	일반 통행 위반, '갑' 차 위반	80	20
	양보 의무 위반, '갑', '을' 차 동순위	50	50
	'갑' 차 후순위	60	40

제20조 (진로 양보의 의무)
　① 모든 차(긴급 자동차는 제외한다)의 운전자는 뒤에서 따라오는 차보다 느린 속도로 가려는 경우에는 도로의 우측 가장자리로 피하여 자리를 양보하여야 한다.

※ 뒤차가 과속하든 말든 뒤에서 빠르게 다가오면 일단 길을 비켜주어야 한다.

제21조 (앞지르기 방법)
　① 모든 차의 운전자는 다른 차를 앞지르려면 앞차의 좌측으로 통행하여야 한다.

제22조 (앞지르기 금지의 시기 및 장소)
　① 앞차의 좌측에 다른 차가 나란히 가고 있는 경우
　② 앞차가 다른 차를 앞지르고 있거나 앞지르려고 하는 경우
　③ 경찰 공무원의 지시에 따라 정지하거나 서행하고 있는 차
　④ 위험을 방지하기 위해 정지하거나 서행하고 있는 차
　⑤ 교차로, 터널 안, 다리 위
　⑥ 도로의 구부러진 곳, 고갯마루 또는 가파른 비탈의 내리막길

※ **정리**
① 뒤차는 경적, 전조등을 이용해 앞차에 양보를 요구할 정당한 권리가 있다.
② 빨리 가려는 뒤차에 양보하지 않으면서 1차선으로 정속주행하는 것은 불법이다.
③ 이유가 무엇이든 과속주행은 무조건 불법이다.

4. 끼어들기 사고

	과실 비율	
	끼어든 차	추돌차
끼어들기 금지구역	100	0
끼어들기 금지구역 외 장소	70	30

※ **난폭운전이라?**
운전자가 신호 위반, 지시 위반, 중앙선 침범, 속도 위반, 불법 유턴, 후진 위반, 안전거리 미확보, 진로변경 금지 위반, 급제동 등 2개 이상을 연속으로 행하거나 하나의 행위를 지속 또는 반복하여 교통상의 위험을 야기하는 행위이다. 끼어든 뒤 급정거하거나 고속도로에서 갑자기 속도를 줄이는 경우 또 도로에서 아예 정지하여도 처벌 대상이다.

5. 동승 유형

동승 유형		운행 목적	감액 비율
운전자(운행자)의 승낙이 없는 경우	강요 동승, 무단 동승		100
운전자의 승낙이 있는 경우	동승자의 요청	거의 전부 동승자에게 동승자가 주, 운전자가 종 동승자와 운전자에게 공존, 평등 운전자가 주, 동승자가 종	50 40 30 20
	상호 의논 합의	동승자가 주, 운전자가 종 동승자와 운전자에게 공존, 평등 운전자가 주, 동승자가 종	30 20 10
	운전자의 권유	동승자가 주, 운전자가 종 동승자와 운전자에게 공존, 평등 운전자가 주, 동승자가 종 거의 전부 운전자에게	20 10 5 0

※ 수정요소 : 동승자의 동승 과정에 과실이 있는 경우 → 수정 비율 20%

초보딱지 떼는 **테크니컬 드라이브**

6. 교통사고 피해자 책임 기준표

사고 상황	피해자 책임
주택가 골목길, 지방 국도 무단횡단	20%
차도와 인도 구분 있으며 차량이 많은 도로 무단횡단	25% 기준으로 1차선마다 5% 가산
야간 또는 음주 상태 무단횡단	사고 상황에 따라 5% 가산
부모 감독 소홀·어린이 무단횡단	사고 상황에 따라 5~10% 가산
노상 유희 상태에서의 사고	20%
차도에 내려 택시 잡기	15%
신호등 없는 횡단보도 보행 사고	10%
신호등 있는 횡단보도에서 빨간불 무시	50%
안전벨트 또는 띠 미착용	앞좌석 10%, 뒷좌석 5%
오토바이 무면허운전	10%
오토바이 야간운전	사고 상황에 따라 10% 가산
오토바이가 정지 차량 뒷부분을 들이받은 경우	60%

58. 외국에서 지켜야 할 교통 예절

1. 숄더체크 확인 후 차선 변경

숄더체크는 차선 변경 시 운전자가 사이드 미러만 보지 않고 어깨 너머로 고개를 돌려 옆 차량 상황을 직접 파악하는 것이다.

차선을 변경할 때는 앞차와의 거리를 충분히 유지하면서 숄더체크를 확인한 후 시도한다. 숄더체크는 근접 거리에서 사각지대를 없애려는 것이다.

2. 포웨이스톱

신호등이 없는 교차로에서는 우측부터 시계 방향으로 1대씩 돌아가며 회전한다.

포웨이스톱은 신호등이 없는 교차로에서 사람이나 차량이 없더라도 진입 직전 무조건 정차한 후 출발하는 교통규칙이다.

내 차를 기준으로 오른쪽이 우선이다. 회전순서는 ① → 내 차 → ③ → ④ → ⑤ → ⑥ → ⑦ → ⑧이다.

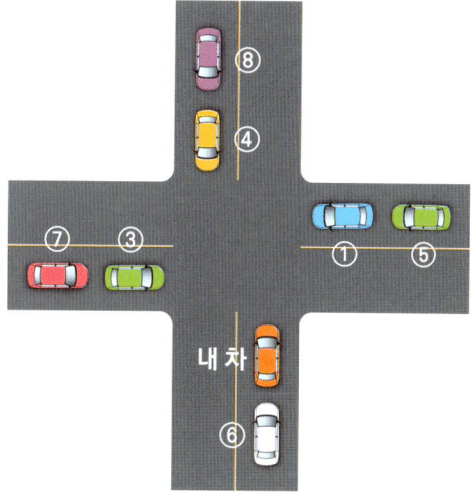

시계 방향으로 한 대씩 회전하되 다음 차는 정지선에서 기다렸다 회전한다.

즉 신호등 없는 네거리에서는 신호에 따라 움직이는 차량에 우선순위가 있으므로 양보하고 마지막으로 진입한다.

신호등 없는 교차로에서는 우측이 우선이므로 우측 진행 차량에 양보한다.

회전교차로에서는 회전하는 차가 우선이므로 진입하려는 차량은 회전하는 차량의 진행을 방해해서는 안 된다.

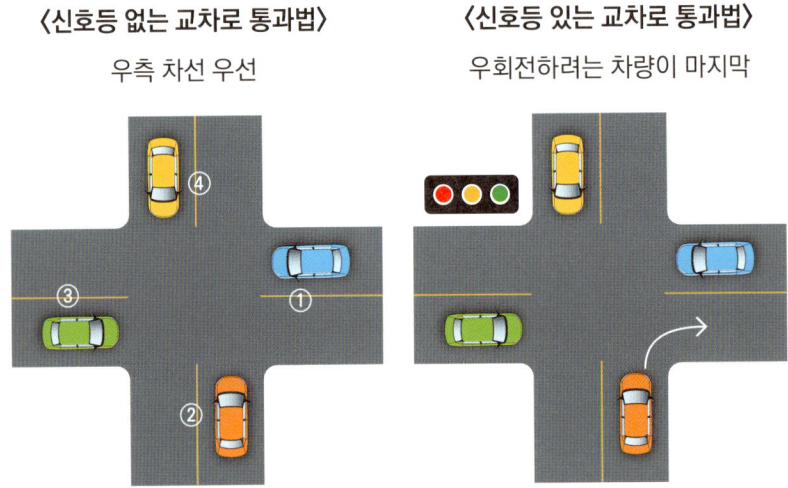

〈신호등 없는 교차로 통과법〉
우측 차선 우선

〈신호등 있는 교차로 통과법〉
우회전하려는 차량이 마지막

3. 스탑라인

신호등 없는 교차로에서는 차가 있든 없든 정지선(스탑라인)에서 무조건 정차한 후 주위를 살펴 안전한지 확인한 후 진입한다.

4. 통학버스 우선

학생들이 하차하기 위해 통학버스가 정차하면 뒤따르는 모든 차량은 일시 정차해야 한다. 그러나 주행 중이라면 앞지르기할 수 있다.

어린이가 하차하여 앞쪽 중앙선을 넘어갈 때 뒤차에서는 어린이가 보이지 않으므로 주의해야 한다.

5. 기타사항

① 구급차가 주행할 때 모든 차량은 구급차의 운행을 방해하지 않아야 한다. 구급차가 후방에서 접근하면 모든 차는 옆으로 정차하여 길을 열어주고 구급차가 지나간 후 움직인다.
② 마을에 진입할 때는 반드시 마을에서 규정한 속도를 지켜야 한다.
③ 경사로에 주차할 때는 차량 앞바퀴를 인도 쪽으로 돌려놓는다.
④ 주차할 때는 창문을 열고 뒤를 보면서 주차한다.
⑤ 모든 운전자는 도구를 이용하지 않고 직접 눈으로 보면서 운전한다.
⑥ 일반적으로 앞지르기는 좌측으로 뒤따르기는 우측으로 한다.
⑦ 신호가 있을 때는 신호가 우선순위이고, 신호가 없는 대로와 소로가 있을 때는 대로가 우선순위, 신호도 없고 도로 크기도 같은 교차로인 경우 우측 도로가 우선이다.